大地5亿年

大地の五億年

土壤和生命的跃迁史

[日] 藤井一至 著

廖俊棋 译

中国纺织出版社有限公司

名家寄语

"一方水土养一方人"是我们常说的一句俗语,这是因为土壤是人类生存之根本,人们对于土地的亲近与热爱是自然的本能。作者是熟稔土壤研究的学者,也擅长通过动人的文笔表述自然世界,加上译者是具有进化生物学研究背景的科普作家,保证了本书的科学严谨与阅读体验,为我们打开了一扇窥探生命演化的大地窗口。

——周忠和(中国科学院院士、中国科普作家协会理事长)

土壤对于人类至关重要,但少有人关注土壤的演化历史。作者通过解读土壤在地球上出现和形成的历史,展现不同地质历史时期土壤和地球生命的关系,让我们更好地思考人和自然的关系。译者极其用心,不仅用细腻和优美的笔触完美展现了原著,而且增补了大量注释、创作了译后记,更是锦上添花。

——徐星(中国科学院院士、古生物学者)

作者在土壤研究方面颇有建树,他将多年研究心得娓娓道来,呈现一段精彩纷呈的土壤演变史,诉说了土壤与微生物、动植物和人类在 5 亿年间的纠葛与共生。向土壤致敬。

——张劲硕(国家动物博物馆馆长、研究员)

如果把地球比作鸡蛋,那地壳就像蛋壳,蛋壳上的那些灰尘就是我们熟悉的土壤了。就是这么"不起眼"的存在,孕育了宇宙中少有的生命奇迹。在这本书中,我们将一起领略生物因素和非生物因素共同谱写的土壤演化的壮丽诗篇。

——史军（植物学博士、科普作家）

中国数千年来皆以农为本，人们对土地有着深深的眷恋，乃至对土壤与其上的作物都有一种深切的感情。当时间往前推移，土壤的秘密逐渐揭开，那是与植物、微生物、动物的协同。当时间往后推移，人与土壤有太多不得不了解的故事。这本好书，将带你领略这一切的"有趣"。

——邢立达（古生物学者、博导、科普作家）

这本书把作为地球生命之母的土壤与炫彩多样的生物演化历史巧妙、严谨地结合在一起，生动有趣又发人深思，阅读的过程中总有一种相见恨晚的感觉。

——张立召（古生物与地层学博士）

回溯地球 46 亿年的悠悠岁月，土壤的诞生也仅是约 5 亿年前的事情，而今，所有生命的根基皆源自这片肥沃的土壤。这本书提醒我们，要深刻反思并积极行动，加强对土壤的珍视与保护。让我们以更加谦卑和敬畏之心，拥抱自然，精心呵护这颗蓝色星球，让生命之树永远繁茂，让未来之路充满无限生机与希望。

——保罗·拉米（古生物与地层学博士）

我们总是感谢大地母亲养育了我们，其实真正养育我们的是大地表层的肥沃土壤，可土壤并非自古便有，它的诞生和富集与生命演化密切相关。这本书讲述了关于土壤的一切，以及土壤与地球生命和我们人类的故事，真的是一本精彩绝伦的土壤之书。

——江泓（古生物科普作家）

序言

梵高以色彩鲜艳的《向日葵》闻名于世，但在他短暂的一生中，描绘的大部分是质朴的土壤和农民的生活。有人们在荷兰寒冷的泥炭地种植马铃薯，也有人们在法国南部温暖肥沃的土壤种植小麦。

用手耕耘土地，用手播种，也用手收获并饱食。即便生在宗教画或风景画鼎盛的时代，梵高仍致力于描绘在大地上孜孜矻矻生活的人们。其中的集大成之作就是《夕阳下的播种者》。仅仅一粒种子就能结出许多果实，也丰饶了土地。梵高认为大地的活力有亘久不变的价值，而作为其根源的"土壤"，就是本书的主题。

孕育生命，汲取，再创造新生，所谓的土壤、大地究竟是何方神圣？人类试图用两个故事来解释，其一是宗教，另一个则是科学。在《创世纪》中，上帝在第 1 天创造天地，第 3 天创造大地并令植物生长，第 6 天则从土壤中创造人类。而科学研究则表明，大地的诞生需要更加漫长的时光。

在地球 46 亿年的历史中，前 41 亿年的地球上都还没有土壤。直到距今 5 亿年前植物上陆后，绿意及土壤所覆盖的大地才应运而生。至此，地球才脱离了其他星球常见的石头和沙尘的故事，开始编织自己的土壤故事。

这段关于土壤与生命的故事，是一部跨越 5 亿年、不可思议的长篇连续剧。主角有植物、微生物、蚯蚓、恐龙、人类等，成员包罗万象、物换星移，没有一套共同的剧本。迟迟登场又躁动不安的生物（人类），将这个故事的存续置于危险的境地。土地不仅为植物和昆虫的繁衍、恐龙的兴衰和人类的繁荣提供了空间，也随着与生物的交互作用，在 5 亿年的历史中发生变化。本书就是将土壤和生物的历史浓缩集结而成的一册书。

虽说这是一部长篇连续剧，但却没有任何摄影机所留下的拍摄记录。这是一次尝试，试着用铲子挖掘深埋在地下的生物生活记录。而我们会选择关注地下和土壤是有原因的。

我们在地表上所看到的生物和物质循环都不过是冰山一角，土壤之中仍存在许多科学手术刀（铲子）无法触及的谜团。蚯蚓为什么要吃下土壤呢？为什么蘑菇不只吃倒下的树木，还吃岩石呢？为什么吃腐叶土的甲虫幼虫肠道环境呈碱性且有特殊细菌呢？

这些谜团的线索之一都围绕着一个原则，就是所有生物的营养来源究其根本都来自"土壤"。因此比起蚯蚓、蘑菇、植物，其粪便、菌丝体、根系中则蕴含了更多秘密；同时，比起土块，孕育其的空气和水分照理说也潜藏了更多情报。

也许大家会觉得只关注土壤并没有太大的帮助，但实际上土壤和许多自然现象有相互关系。例如，非洲的大猩猩、黑猩猩的个体数量就受到热带雨林水果产量的限制，而水果产量则受到红土中富含的养分限制。再追溯到更往昔，恐龙为了维持巨大的体形也会挑选小小的银杏果来食用。这是因为银杏比有着"森林黄油"美誉的牛油果还更会从土壤吸收养分，并将其浓缩成银杏果。

人类也不例外，土壤的养分往往会左右历史上的粮食生产以及人口增减。通过土壤这个窗口观察生物，可以了解 5 亿年来生物发展出的独特生存之道。

我至今还没听说过有人是从小就憧憬着土壤，并成为土壤研究者的。在酷热的热带雨林中，汗流浃背、浑身淤泥地挖掘土壤，还要担起 30 千克的土壤下山；又或是在极北的大地上，被集结成柱般的蚊群袭击。我被这现实惊呆了，这与身着白大褂的科学家形象相去甚远，甚至常在想是否哪里搞错了。即便如此，我之所以还带着铲子走遍全球，是因为土壤的魅力胜过艰苦的劳动。

在我们看似熟悉的土壤里，隐藏着一段波澜壮阔的故事。不是在深海，也不是在未知的星球，就是在我们脚下的土壤中，存在着人类仍然无法理解的尖端科学。不过开展这项研究不一定需要先进的分析设备，只需带上你的铲子、靴子、蚊香和零食即可。现在，我们就来解读土壤的故事吧。

故事的主角是土壤，但也包括生活在那里的生物，有微生物、昆虫、恐龙和人类。这就是一段视角转变 180 度、由下而上的自然史及人类史。哪怕只有一点点，若有人能感受到土壤这略显"疯狂"的魅力，将是我无上的喜悦。

藤井一至

目录

5亿年前		4亿年前	3.5亿年前	石炭纪	3亿年前	2.5亿年前

· 地衣类
· 苔藓类

蕨类植物　　蕨类森林　　裸子植物扩张

温暖气候　　　　　全球寒化

蕈菇
进化

巨型
昆虫

土的诞生

泥炭土的累积

石炭的累积

• 生物和土壤共同进化的 5 亿年

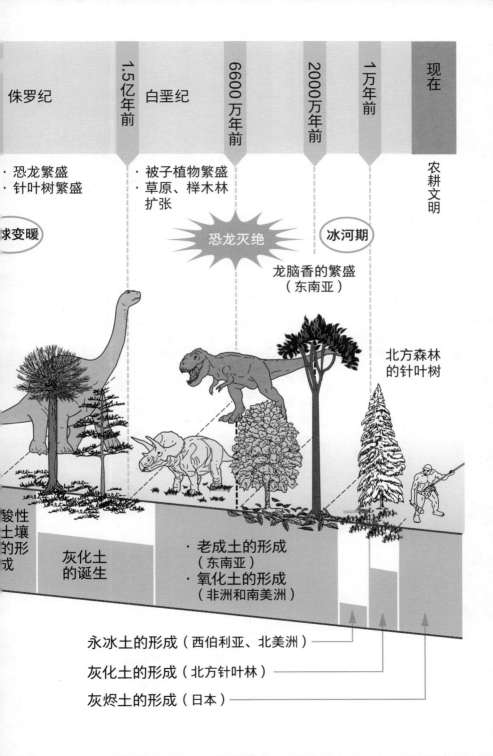

侏罗纪　　1.5亿年前　白垩纪　　6600万年前　　2000万年前　　一万年前　　现在

· 恐龙繁盛
· 针叶树繁盛

· 被子植物繁盛
· 草原、桦木林
　扩张

农耕文明

求变暖

恐龙灭绝

冰河期

龙脑香的繁盛
（东南亚）

北方森林
的针叶树

酸性土壤
的形成

灰化土
的诞生

· 老成土的形成
　（东南亚）
· 氧化土的形成
　（非洲和南美洲）

永冰土的形成（西伯利亚、北美洲）

灰化土的形成（北方针叶林）

灰烬土的形成（日本）

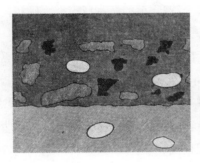

脚下广阔的
世界

生物产生土壤

土壤是地球的特产

"地球是蓝色的。"据说这句名言出自苏联宇航员尤里·加加林（Yuri Gagarin），他是首度登上太空的人类。人们常说，这句话体现了地球的表面有7成被碧蓝的海水所占据。确实，地球也是受惠于水的奇迹行星。

然而，现实中并没有留下任何他说过这句话的纪录。更准确地说，他的原话是"天空非常幽暗，而地球散发着澄澈之蓝"。加加林想要传达的并不是海洋的蓝，而是环绕地球的大气层之美。

加加林与地球通信期间交换的信息很短，但他的评论非常具体。除了海洋，他还能辨别陆地、山脉、森林、雪地。被蓝色面纱覆盖的地球有7成是海洋，但剩下的3成被棕色或绿色的大地所占领。红棕色的大地是土的颜色，因此地球也是一颗棕色土壤的行星（图1）。

覆盖于那3成陆地表面之上的"土壤"，就是本书的主角。

土壤到底是什么？根据汉字起源理论，土的那一竖画突出部分代表植物，底下代表根；上方的横画代表地面，下方的横画则代表岩石表面（图2）。换句话说，土壤是支撑植物和生态系统的基础。一般认为，土壤由风化的岩石和腐烂的动植物遗骸形成的沙子和黏土混合而成。这种可以滋养生物，同时又被生物滋养的物质，我们称为"土壤"。土壤中的"土"是自然的土地，但土壤中的"壤"则具有松软肥沃的意象，就如田间种植用的土壤。

图 1　观测卫星拍摄的地球 ©NASA

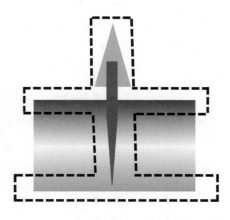

图 2　"土"的汉字由来

　　土壤的形成需要耗费数百年至数百万年。土壤在几百岁的时候是年轻的，在几千年到几万年的时候算成熟，直到几十万年到几百万年的时候才达到高龄阶段。实在是一个靠想象也难以企及的世界。

　　更令人难以置信的是，根据目前的研究，地球诞生于大约 46 亿年前，而土壤最早出现于 5 亿年前。哇喔，说到亿年级别时，就真的无法想象了。若用相对关系来比喻，46 岁的地球阿姨在 5 年前搭建了一个家庭菜园；在那里工作了 1 年的恐龙老兄在半年前失踪了；10 天前才出生的小精灵们正搭建着一个大型温室，并开始栽种植蔬，他们就是人类。

　　在这本书中，故事发生在家庭菜园开办的那 5 年，回到原本的时间尺度的话，就是以植物第一次出现在陆地的 5 亿年来为舞台。因为在没有植物的地方，是无法形成土壤的。

　　植物（苔藓和蕨类植物）通过光合作用固定大气中的二氧化碳（CO_2），当这些植物死后被微生物和动物吃掉时，这些气体就返回到大气中，但也有些残留下来变成"腐殖土"并成为土壤。如果把腐殖土比喻成肉的话，那就是鲜肉（落叶）→酸臭的肉（腐叶土）→腐败的肉（腐殖土）。落叶分解成腐殖土并与沙子和黏土混合（图 3）。深棕色腐殖土与红、黄色的黏土相互结合，点缀出棕色的大地。

　　不仅是植物，动物也极大程度地参与了土壤的发育。蚯蚓将落叶和土一起吃掉，并在肠道中充分混合排出粪便，形成团子状结构（团粒）（图 4）。当你发现脚下的大部分土壤都是蚯蚓的粪便时，可能会瞬间眉头一皱，但没有蚯蚓的辛苦耕耘就不会产生松软的土壤。

　　土壤不仅是由岩石风化形成的，其成因还有植物和动物的相

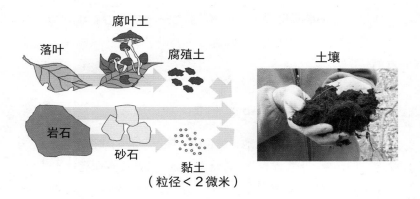

图 3　土壤的组成成分。土壤是动植物的遗骸和沙、黏土的混合物

图 4　达尔文的蚯蚓粪便草图

（达尔文，1881 年，由俄克拉荷马大学图书馆科学史馆供图）

互作用，这一事实也揭示了土壤的特性——它只存在于地球上。地球是目前唯一被确认有生命存在的星球，因此土壤就是地球独有的特产。

争夺土壤之战

　　地球母亲、共生的大地、生物的乐园……我们往往对大地有一个亲切的印象，但大地也是一个无处可逃、为求生存而竞争的场所。为了争夺土壤的空间和养分，生物在不断扩大竞争。地球上曾经存在过的生物有 99.9％ 已经灭绝，包括大型昆虫和恐龙（图 5）。那些在生存斗争中败下阵来的生物、那些无法适应环境变化的生

图 5　霸王龙的化石。这件标本的外号是"黑美人"，展示于加拿大的皇家泰瑞尔古生物博物馆（作者摄影）

物……这片充满生命的大地，同时也是许多灭绝物种的墓碑，而我们人类的生存也是建立在这条线的延伸之上。

最初，在生物首次出现在陆地上的 5 亿年之前，这片大地还不是乐土。彼时荒凉的大地是一片贫瘠的岩石荒漠，土壤还不存在。在这里，动、植物的祖先为了获取水分和养分而奋力生存，基本上是非常索然无味的生活。直到 5 亿年前的黎明期，植物登上了陆地，也是生物之间争夺土壤的残酷斗争的起跑线。

人类也不例外。Human（人类）这个词的起源是 Humus（腐殖土），也就是土壤。不只在语源，我们身体所必需的营养成分（磷、氮、钙等），除了水和空气外，都是由土壤提供。人类耗费 1 万年所发展出的农业系统，也都集结了想办法从不一定肥沃的土壤中获取养分的智慧。

土壤平均厚度仅 1 米，覆盖在大地之上，形成"地球的皮肤"。土壤的存在将地球与月球和火星区别开来，它滋养了植物、昆虫、恐龙和我们人类。在蓝色大气层所包覆的棕色大地下，展开了 5 亿年的竞争与共存之旅。

旅程开始前

我们的旅程即将开始，但在开始之前，我想另外稍微花点时间来解释一下理解这本书所需的几个关键词。

其一是"变化"，土壤会慢慢地、一点一点地"改变"。另一个关键词是"酸性"，在某些条件下，土壤具有"酸性"这个麻烦的特性。令人意外的是，这两个关键词分别和某位名人有关。与"变化"有关的人物是以进化论而闻名的查尔斯·达尔文（Charles Darwin）；而与"酸性"有关的人物则是著名的儿童故事作家宫泽贤治。

达尔文所见的红土

达尔文是一位著名的生物学家，他根据小猎犬号航行中访问加拉巴哥群岛的经历写下了《物种起源》（1859 年）。同时，达尔文在兼任伦敦地质学会秘书长期间，也在土壤研究方面取得了历史性成果。在他的著作《通过蚯蚓的活动形成肥沃的土壤》（1881年）中，他详细描绘了散落在草坪上的石头如何被成堆的蚯蚓粪便埋入地下（图 6）。

在同一研究案例中，他花费了 30 年等待土壤形成，发现蚯蚓每年会形成 2 毫米的土壤。当你听到毫米级别时，可能会觉得很小，但当你注意到一年在每公顷（100 米 ×100 米）的土地有20—40 吨土壤变肥沃时，就能理解其中的惊人之处了。农民大概从经验中早已得知有蚯蚓的土壤就是肥沃的土壤，但达尔文是第

图 6　草坪上散落的石头被蚯蚓粪便土壤吞没的草图
（达尔文，1881 年，由俄克拉荷马大学图书馆科学史馆供图）

一个定量证明蚯蚓会产生土壤的人。花了 30 年观察土壤，他到底是有多"闲"。达尔文就这样在大富翁父母的资助下，得以全心投入研究。孕育伟大研究的"土壤"就在他周围。

　　达尔文时代距今已近 150 年。但即使在分析技术发达的今天，我们土壤研究人员使用的研究方法仍然很简单。手拿铁铲，走过田野和山峦，挖掘地面并观察。就像在甲子园输掉比赛的高中棒球选手一样[1]，我们也拼命收集土壤并进行分析。现代的研究人

---

① 甲子园为日本全国高中棒球锦标赛举办的球场，根据传统，落败的队伍会"含泪挖土"，将球场的土带回去当纪念，也表达莫忘惨败教训的含意。——本书脚注无特殊说明，均为译者注。

员虽然比达尔文时代更能轻松获得更多的分析数据，但达尔文研究之所以经典，还是在于他的观察力和洞察力。

在小猎犬号的航行期间，达尔文对土壤颜色的"变化"很感兴趣。达尔文的日记记录了他对热带厄瓜多尔和巴西的红土和绿土之间的对比感到惊讶。这些地方的风景与他在英国习以为常的草地和黑色泥土截然不同。

达尔文不仅对土壤的不同颜色印象深刻，也意识到外表不同，本身的性质也就不同。如同人们会随出生地（大陆）和成长经历（气候）有不同性格，土壤的特性亦然。南美洲智利肥沃的火山灰土壤孕育了丰富的森林；秘鲁有沙漠土壤；弗洛里阿纳岛（加拉巴哥群岛）有肥沃的黑土；巴西的红土孕育了雨林。达尔文不仅注意到土壤的多样性，还发现了生物的变化是同步发生的。

在后来出版的《物种起源》中，达尔文指出："在个体之间竞争激烈的环境中，生物多样性会增加。"换句话说，他相信包括土壤在内的环境的差异，会促使生物有丰富多元的演化。在小猎犬号航行中，达尔文发现生物（例如岛上的雀鸟）会通过累积微小的变化来应对环境改变，从而发展出丰富多样的演化。而究其根本，就是因为达尔文意识到包含土壤在内的环境是丰富多样的，才能得出这样的结论。

意识到土壤具有多样性的并非只有达尔文。

据说，长眠于中国古代的秦始皇陵墓之下的兵马俑，在制作时曾被涂上五种颜色（黄、黑、白、蓝、红）。黄色代表黄土高原；黑色代表东北部黑土地带；白色代表西部沙漠地区；蓝色代表长江沿岸栽种稻作的土壤（湿地）；红色代表南方亚热带土壤。土壤象征不同地区各异的风土民情。

即便在日本，北海道、东北、关东、九州岛等地区也普遍存在着富含有机质的黑色土壤（称为灰烬土）；而在日本全国平原的稻田中则可以找到泥泞的灰色土壤。在冲绳和小笠原群岛则也有黄土和红土，这和非洲、南美洲、东南亚等热带地区的土质相近。这是因为土壤有机质很少，含有大量的红黄色铁质的黏土（铁锈）。在沙滩和沙漠上则有白色的土壤。

　　土壤的颜色是如此多种多样，甚至可以仅用土壤就画出图画（图7）。不同的土壤造就了人类农业文化和气候的差异，并编纂了我们的历史。

图7　用丰富多样的土壤绘制的富士山（作者创作）

赐福的雨和酸性的两难

　　本书的另一个关键词是"酸性"。酸性是指水中存在大量氢离子（H^+）的状态。水的酸性指标是 pH 值为 7 以下（pH 是氢离子摩尔浓度[1]倒数的常用对数。7 为中性，pH 值低于 7 为酸性，高于 7 为碱性）。以食物来说，就是所谓的"酸"味。在极端情况下，土壤中的水分 pH 值能到 3.5，就像微碳酸柠檬汁一样程度的酸性。

如果透过卫星影像观察世界各地，就会发现，随着干旱地区降水量的增加，沙漠变成了草原，最终变成了森林。降雨量少的草原和沙漠土壤呈中性至碱性，而森林丰富的地区土壤则呈酸性。

东南亚的热带雨林和日本的温带森林下方都广泛分布着酸性土壤。那为什么土壤会变成酸性或碱性呢？

这其中的关键是水。在水资源丰富的行星上，水会经由雨水和洋流动态循环。令人惊讶的是，直到 10 天前，我们身体周遭的湿气（水蒸气）都还是海水。这些水会成为"赐福的雨"，支持植物和动物的生命。这一事实在日本这样一个被四大洋流包围、降雨量丰沛的地方经常被忽略。而这些水也是土壤酸碱度（pH 值）差异背后的驱动力。

雨和雪通过蒸发或植物的蒸腾返回大气，多余的水则渗透到土壤之中。流到土壤中的水最终形成河流，并汇合流入湖泊和海洋。渗透到地下的水会吸收从土壤和岩石中溶解的钙和二氧化碳气体，最终以碳酸钙（$CaCO_3$）的形式沉淀。碳酸钙是石灰石和贝壳的主要成分，也是黑板上的粉笔和操场上的白线中常见的物质。

在草原等干旱地区，水不仅在土壤中向下流动，还会使含有碳酸钙的地下水因蒸发、蒸腾而上升，在缺水的地方沉淀。因此在干旱地区的土壤中可以看到一层白色的碳酸钙（图 8）。

---

[1] 摩尔浓度为化学的一种通用浓度单位，定义为构成溶液的某组成物质的量除以溶液体积，又称物质的量浓度。

图 8 碳酸钙的累积（加拿大）。在下层可见到白色的线

这就是旱地的土壤会呈碱性的原因了。降水量增加让渗透土壤的水量也增加，这会将碳酸钙冲入地下水、河流甚至海洋。而这些被水洗涤过的土壤就呈弱酸性。

雨水也可能含有酸性物质，这就是著名的酸雨。就像有许多旅游景点的铜像已变得残破不堪，酸雨的影响不容小觑。溶解了大气中二氧化碳的雨水 pH 值为 5.6，使其呈现带着弱碳酸的弱酸性。此外，自工业革命以来，燃烧煤炭产生的硫酸和汽车废气产生的硝酸，也都溶到酸雨之中不断降下。然而，酸雨只是使土壤呈酸性的因素之一。

更令人惊讶的是，生物使土壤变为酸性的能力比酸雨更强。

植物为了吸收大量的钾离子（K⁺）和钙离子（Ca²⁺）等阳离子，会从根部释放氢离子作为交换。另外，当微生物分解落叶时，它们会释放出一些酸性物质（有机酸、碳酸和硝酸）。由于这些植物和微生物所释放的酸性物质，土壤逐渐变成酸性。

当然，也有中和酸性物质的生物。有种螃蟹（凤梨蟹，*Metopaulias depressus*）生活在中美洲的热带雨林中，它们会在附生植物的水洼中抚养幼崽。当落叶中渗出酸性物质（有机酸）时，水坑就会变成酸性，导致幼蟹死亡，因此母蟹会努力清理落叶（图 9）。此外，为了中和酸性物质，他们还会把含有大量钙（主要是碳酸钙）的蜗牛壳丢进水洼里。

在潮湿地区，由于森林中的养分循环以及生物之间对"酸性"的各种应付，土壤逐渐变得更加酸性。

在降雨丰沛的地区，生物活动也较多，树木和微生物会释放大量酸性物质，这些物质会溶解钙和其他中和土壤的成分，并随

图 9　凤梨蟹在扫除落叶

雨水冲走。当土壤呈酸性至 pH 值为 4—5 时，土壤中所含的黏土被氢离子破坏，铝离子（Al^{3+}）开始溶解出来。铝离子对植物有毒，会抑制根部生长以及水分和养分的吸收。例如，玉米在中性土壤中生长良好，但在酸性土壤中就会生长不良（图 10）。

在我母亲乡下的田里，西红柿经常枯萎。对于自称是土壤专家的我来说，要解释"酸性土壤不好"之类的理论是得心应手，但实际要面对酸性土壤时却束手无策。我母亲很失望。水看起来像是支持生物生命的天使，但它也有将土壤变成酸性的魔鬼的一面。

图 10　玉米在酸性土壤（右侧）比在中性土壤（左侧）生长得更差

在这本书中，各种各样的土壤被粗略地分为"酸性""中性"和"碱性"特征，并追溯由此决定的生物的命运。当然，人类也不例外。为什么这一个特征如此具有关键性，是因为酸性土壤经常危及生物的生命，并限制我们的农业生产。

与酸性土壤奋斗的宫泽贤治

与酸性土壤有着密切关系的，是一位意想不到的人物，他就是儿童故事作家宫泽贤治。在进入正题之前，我想先介绍一下贤治的一首诗。在未出版的诗集《春天与阿修罗》第二集"林学生"
的草稿中有这么一段：

> 据说，是紫阳花①色之风
>
> 据说，会将云朵和衣衫都染色
>
> 据说，此处的灌木丛和火山块的罗列
>
> 会用在某处貌似的大公园中
>
> 若要描绘成画，则在灌木丛间点缀花朵
>
> （以下略）

　　在这段内容中的"紫阳花色之风"后来被修改为"石蕊青蓝
之风"。石蕊就是石蕊试纸中所含有的颜料。石蕊试纸会根据"酸
性"或"碱性"而改变颜色，作者可能想用这一系列的颜色转变，
来表达从晴朗天空的蓝色到夕阳映照的粉红色。那为什么贤治会
在石蕊试纸和紫阳花之间选择困难呢？这是因为"酸性"、紫阳
花和贤治之间存在着某种关联。

　　当提起紫阳花这个词时，人们就会联想到紫蓝色的花（实际
上是花萼），就像花名的紫阳之中蕴含着"靛蓝"色调一样。然而，
这种花在欧洲地中海地区的人们印象中，却是粉红色的花。这不
是因为品种不同，而是因为土壤不同。

　　紫阳花中的色素成分（花色素苷）原本是粉红色的，但这种
色素会与铝离子产生反应，呈现出蓝色。在日本常见的酸性土壤
中，黏土被溶解，因此有许多铝离子被滤出。这些铝离子被带到
花萼，将绣球花染成蓝色。

---

① 又名绣球花。

贤治想到紫阳花会像石蕊测试一样随着土壤酸碱性的变化而改变颜色，可以用来呼应晴朗天空的蓝色到夕阳映照的粉红色（绣球花在酸性条件下会变成蓝色，但石蕊试纸是在碱性条件下会变成蓝色）。

紫阳花每到梅雨时节会呈现亮蓝色，显示出日本广泛分布酸性土壤。日本的农业也在与这种酸性土壤奋斗。不过令人惊讶的是，贤治是这场奋斗的前辈之一，他深刻体认到蓝色紫阳花背后所象征的是酸性土壤的严重问题。

说到贤治，他以儿童故事作家身份闻名，出版了《银河铁道之夜》《要求太多的餐厅》等多部名作。然而，在他一生中，作为一名作家的收入仅有 5 日元（1921 年的物价，换算成今天约为 1 万日元[①]）。身为土壤医生，贤治的起薪为 80 日元（相当于今天的 14 万日元[②]）。就算不扯钱，改善日本东北地区酸性土壤问题也是他毕生的志业。

贤治出生于岩手县，以全校第一名的成绩进入盛冈农林高中（现岩手大学农学部），主修土壤学。他的毕业论文题目是《腐殖土中的无机成分对植物的价值》，简而言之，就是研究了土壤的养分供给能力。

贤治的指导教授关丰太郎（《古斯柯布多力记传记》[③]中古柏博士的原型）是确定日本东北地区稻作歉收的原因为落山强风

---

① 约为 500 元人民币。

② 约为 7000 元人民币。

③ 为宫泽贤治 1932 年发表的童话作品，是其晚期的代表作之一。内容描述的是主角古斯柯布多力因冻灾导致的饥荒而与家人离散，并通过一系列的冒险和学习，克服农业病害问题，造福人群，并与失散多年的妹妹重逢。该作于 1994 年和 2012 年被改编为动画电影，两度登上大银幕。

的冷害所致的第一人，其后任职日本土壤肥料学会会长，是相关领域的重要人物。

　　贤治在世期间是明治①末期到昭和②初期，东北地区因灾害及寒冷天气而多次歉收。岩手县遍布的"灰烬土"（走在上面会发出嘎吱嘎吱声的那种黑色土壤）乍一看似乎是有机质丰富、肥沃的土壤（图 11），实际上却是高酸性的问题土壤。贤治也将其称为"荒土（蛮荒之土）"。酸性的灰烬土与落山强风都限制了日

图 11　贤治试着改良的火山灰土壤（灰烬土）（日本岩手县）

---

① 日本年号，1868—1912 年。又，宫泽贤治的生卒年为 1896—1933 年。
② 日本年号，1926—1989 年。

本东北地区的农作物生产。

　　贤治在一个富裕的家庭长大，但他想改善贫困农民的生活，因此他致力于改善土壤。身为农业指导员和农业学校老师，贤治还留下了解释土壤颗粒结构的亲笔绘图（图12）。看到这里，我想没有人会继续怀疑他是土壤研究员的身份了。

　　当时，盛冈市小岩井农场报道了施用碳酸钙改良土壤的成功范例。这是一种"移植治疗"，通过人工向酸性土壤补充钙质。贤治还被开始贩卖这种石灰肥料的东北碎石工厂挖角，成为一名推销员。该公司在整个日本的东北地区进行了巡回，口号是："你知道新型肥料的碳酸石灰具有其他任何肥料都无法比拟的巨大

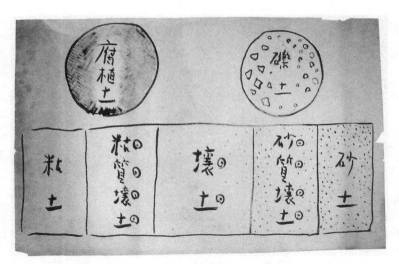

图12　贤治亲笔绘图[①]。上排显示腐殖质较多的土壤和腐殖质较少的土壤，下排显示从细颗粒（黏土）到粗颗粒（砂土）的土壤

---

① 系官泽贤治所绘原图，图中文字与本书中文简体版译文略有差异。此处保留原图样式，供读者参考。

功效吗？"你可能会突然觉得受人敬仰的儿童故事的作家怎么感觉像可疑的推销员，但从这里就可以感受到贤治对土壤改良的渴望。

小岩井农场是一个乳制品品牌，"小岩井"这个名字是共同创办人小野义真、岩崎弥之助和井上胜的姓氏组合。其中岩崎弥之助是三菱财阀创始人岩崎弥太郎的弟弟。正由于它受到三菱财阀赞助，小岩井农场才有能力投资土壤改良。

相较之下，一般农民连氮肥都买不起了，更别提要买石灰肥了。贤治当时肯定也陷入矛盾的挣扎吧，一边是自己作为推销员想要追求公司利润（想高价卖出大量肥料），另一边则是自己作为农业指导员想帮助农民（想低价卖出大量肥料）。

除了提供农业指导外，他还把全部精力投注到推广和销售石灰肥上，以至于他因过度劳累而倒在病床上，这就是著名的"不畏风雨"①的故事。这个作品让我们想起了现代人已经遗忘的美德，例如勤奋、节制、谦虚。字里行间，我们看到了贤治为改善土壤和农业而努力的真诚和遗憾，也看到身为销售员都会遇到的理想和现实的冲突，因此这首诗才能隽永流传。

过去 5 亿年来土壤的"变化"不仅养育了生物，有时也会波涛汹涌地颠覆，塑造了当前的自然状态。其中之一就是土壤酸性的变化，这是紫阳花变蓝的原因，也是宫泽贤治"不畏风雨"出售石灰肥料的理由。而通过观察生物根据环境（包括土壤）的变化会获得丰富多样的姿态，达尔文发现了"适应"和"进化"的概念。

本书从"变化"和"酸性"的角度，挖掘地球 5 亿年的历史。

---

① 为宫泽贤治最具代表性的诗作之一。

通过关注至今仍是名副其实黑盒子一般的地下世界，我们可以破解复杂自然现象背后的机制。

土壤的时空之旅

本书的目的不只是要讲述过去 5 亿年的历史之旅。正所谓温故知新，也要透过历史而有新的启发。

土壤正处于危险之中。如果我们看向南方，会发现人们正在遭受热带雨林消失和土壤退化的痛苦；如果我们看向北方，会发现由于全球变暖，冰和永冻土正在开始融化。全球变暖、沙漠化、酸雨、热带雨林消失……所有的话题都与土壤有关，却没有什么好的话题。然而，埋藏在漆黑土壤中的记录，却照亮了我们应该前进的未来。

从过去可以挖掘出许多教训。如果你看看古代文献中所描绘的光秃秃山脉，就会发现江户时代的山里远远不是可持续性的和自然共生，而是濒临灭绝的状态。曾经辉煌的美索不达米亚文明，也是由于森林砍伐和土壤退化而崩坏。3·11 日本大地震（2011 年）所引发的海啸被认为是一场史无前例的灾难，但从受灾地区的沉积物的地层记录来看，平安时代的大海啸（869 年）也曾引发过类似规模的灾害（图 13）。

镌刻在大地上的并非都是悲伤的历史。

奈良和平安时代①的遗址中埋有木简。木简是用于交易物资、学习和歌时使用的，可为我们提供当时的人们生活的线索。7 世纪末从观音寺遗址（日本德岛县）出土的木简上刻有作为《古今

---

① 日本的历史时期，奈良时代约为 710—794 年，平安时代约为 794—1192 年，对应中国史约为唐代到南宋时期。

图 13　稻田的土壤。30—40 厘米深的白色层是平安时代的海啸沉积物
（日本宫城县）（菅野仁供图）

和歌集》①的假名序言和作为《百人一首》②的序歌而广为人知的
《难波津》的前半部分。这个发现表示，这首《难波津》早在据
说是最古老的诗集《万叶集》出版之前就已经广泛流传。

①　905 年由醍醐天皇下旨，令宫廷诗人纪贯之等人编纂的大型和歌集。于 914 年
　　编成，收录和歌一千余首，按季节分成二十卷，所选内容恋歌颇多，带贵族风格、
　　和谐优美，其所选歌集和开宗明义的序言为后续几百年的和歌创作树立了典范。
②　日本镰仓时代（1185—1333 年）歌人藤原定家私撰的和歌集，挑选了 100 位歌
　　人的优秀作品并集结成册，故而得名。到江户时代（约 1603—1868 年）中期
　　发展出和歌纸牌（歌留多）的竞技游戏，风靡至今。

奈尔波ツ尔　昨久矢已乃波奈[①]

——难波渡津花，寒冬暗沉寂。今时将逢春，花开映波津。

　　人们祈求平安、繁荣的情怀自始至今未曾改变。这则深受人们喜爱的讯息，跨越了 1400 多年的时光埋藏于地下。透过这次跨越时空的地球之旅，我们将踏上 5 亿年的旅程，而接下来，我们将关注迈出这一切的第一步。

[①] 这是上古日本记录发音所用的汉字，称为"万叶假名"，其中的汉字仅代表发音，并没有含义。如"波奈"代表的是"花"的发音 hana。

第一章

土壤的来路：
跨越逆境的植物们

在地球上出现土壤之前

开拓岩石荒漠的地衣

地球拥有月球和火星所没有的土壤。在月球和火星上，岩石风化并形成沙子和黏土的沉积层（表岩屑），但它们不会变成土壤。在地球上，岩石风化形成的沙子和黏土之上，还会有植物死亡后层层堆积。有这两者的混合，才是土壤。因此，只有存在植物的地球会有土壤。

尽管我是如此自豪地写下前面那段话，但其实一直到5亿年前，东南亚既没有郁郁葱葱的热带雨林，非洲也没有沙漠，而说到日本美丽的榉木林……当时甚至连岛屿都还没形成。地球其实和其他行星一样，起初并没有土壤。这是因为在地球46亿年历史的前41亿年里，大地之上都还没有陆生植物。

那么，最初的土壤究竟是如何形成的呢？

让我们回到当大地上都还没有植物和土壤的5亿年前。不过，我们没有时光机，所以只能靠飞机来接近真相。我造访了加拿大北部的耶洛奈夫（Yellowknife）镇，当地以观赏极光而闻名。但我的目标不是极光，而是地球上的第一块土壤。当你穿过耶洛奈夫镇时，到处可见红色的岩石露头。这块岩石被称为加拿大地盾，是美洲大陆的核心，已经暴露在地球表面有5亿年之久。当要降落在耶洛奈夫机场时，从空中可以看到红色岩石上有白色和绿色的斑纹。当走在上面时，会发现地面很松软，但并没有满地落叶。即使试图用铲子用力铲下，也徒劳无功。这里没有土壤，只有绿白相间的斑纹"地毯"，蓬松地生长并紧附在岩石上（图 1-1）。这种生物的遗骸就是最初的土壤。

　　这种"地毯"是苔藓和地衣的成员。苔藓是目前陆地上发现最为古老的植物。它们的祖先是漂浮在稻田和池塘中的水绵近亲

图 1-1　岩石上的地衣（加拿大，耶洛奈夫镇）

（藻类），经过长期的演化，终于成功登上陆地。即使在身边岩石和路边水泥等熟悉的地方，都能见到有青苔的附着，但它们与古代相比应该都没有太大变化。因此在任何一座寺庙里看到的苔藓，都有着比寺庙本身更悠久的历史，毕竟它们可都是维持着距今 5 亿年前的样貌。

　　另一位先驱者——地衣——则不太为人所知。你可能有听说过，这些生物经常会在山毛榉树的树皮上留下斑纹（图 1-2）。在以挪威为背景的迪斯尼电影《冰雪奇缘》中，驯鹿（斯文）最

图 1-2　在山毛榉树皮上形成斑纹的地衣

喜欢的食物是胡萝卜，但实际上驯鹿的主食就是地衣。在日本的路边也有许多地衣默默生长，它们在全球范围可是覆盖了8％的土地。

地衣是一类独特的生物，是霉菌（真菌类）和藻类的混合（共生）体。藻类通过光合作用产生糖分，并将其中一些糖分提供给共生的霉菌。霉菌利用这些糖分作为能量，在岩石和土壤上延伸菌丝体，吸收水分和养分。水分和养分会被传递到藻类，并用于光合作用。我们将这种默契有如双簧组合般的协作游戏称为"共生"。苔藓和地衣在这片岩石裸露的贫瘠土地上，演化出了坚韧不拔的特性，成为最初的拓荒者。

溶解岩石的苔藓

但岩石就是岩石。即使俗话说"石上三年"①，但要从岩石中获得足够的养分，似乎仍难如登天。那苔藓和地衣是如何获取营养的呢？

当去除地衣和苔藓时，可以观察到岩石已经变色。在对地衣和苔藓周边的水分进行萃取和分析时，会发现这些水的pH值为4，极为酸性。苔藓和地衣似乎散发着某种酸性物质，可以溶解岩石。

这种酸性物质的真面目究竟为何？从这之下，铲子实在无法继续掘下去。当时还是学生的我决定冒险一试，向帕特里克·范·希斯（Patrick Van Hees）博士寄信询问，他是分析化学领域的大佬，曾写过一篇相关主题的论文。一般得到著名研究者回复的概率不到10％，毕竟他们可没时间去应付那些素未谋面的

---

① 日本谚语，指坐在石头上三年，终有变暖的一天，比喻无论何种困境，只要努力坚持下去就会苦尽甘来。

学生。

不过，他还是很认真地写了一封回信，而且表达了他想来日本的意愿。我在机场候机厅等待着一位老绅士的面孔，但怎么都寻觅不到。只看到有个年轻人独自站着，于是我鼓起勇气去问他："那个，您是帕特……？"话音未落，对方就回答"是的！"就是他本人。这位"大人物"居然是一名 30 多岁的年轻人。这位瑞典研究人员对榻榻米和乌冬面的生活大受感动，在他的协助下，我们发现这些酸性物质是柠檬酸和苹果酸等有机酸——也就是柑橘和苹果的酸味来源。

苔藓和地衣在接触岩石时，会缓慢释放有机酸。所做的这一切都是为了获取生存所必需的磷、钙、钾等营养素。即使水是酸性的，如果能与有机酸共存，其溶解岩石的能力也会增加数倍。将光合作用产生的珍贵糖分加工成有机酸，并努力不懈地溶解岩石，这种活动在苔藓和岩石之间持续展开。

酸性物质溶解的一些养分被地衣和苔藓吸收，但大部分都残留下来，形成沙子和黏土。地球上最早出现的土壤，就是这种地衣和苔藓残骸（有机物质）混合沙子和黏土而成。

土壤诞生的黑钻石

自从 5 亿年前，苔藓植物和地衣家族在这片荒凉的土地上首次形成土壤以来，它们耕耘了岩石，并花了 1 亿年的时间在海滨辛勤地堆积沙子和黏土。然而，这还远远不到能向外星人吹嘘"这是地球上才有的土壤"的程度。在这远古的地球上，蕨类植物登场了。它就是我们日常食用的山林野菜中，蕨菜和薇菜的祖先。

蕨类植物很坚韧。即便在高酸性的土壤，或是受重金属污染的地区，最初生长出来的就是蕨类植物。6600 万年前导致恐龙灭绝的陨石撞击地球，使大地变成一片荒芜，但有化石记录显示蕨类植物是灾后最先覆盖在大地上的。

蕨类植物与苔藓有很大不同，因为它们有根和维管束，可以用其输送水和养分。蕨类植物可以说是最早扎根于大地的植物，那是距今约4亿年前的事了。而真正意义上的"土壤"诞生也要追溯到此时。当时的土壤究竟是什么样的呢？

4亿年前的地球是很闷热的。大气中二氧化碳的浓度是现在的10倍以上（4000—5000ppm[①]）。近年全球变暖议题一直备受瞩目，但实际上远古地球的环境是更加温暖潮湿的，全球平均气温比现在高出有3摄氏度。湿地区域沿着潮湿的海滨展开，这是真正的土壤第一次诞生的地方。现今印度尼西亚热带地区的婆罗洲，就有着与当时相似的景观（图1-3）。

图1-3　蕨类植物广布的湿地区域（印度尼西亚）

---

① 浓度单位，指百万分之几。

　　婆罗洲岛就位于赤道正上方，是红毛猩猩栖息的热带雨林家园。与日本的河流沿着陡峭的地形流淌不同，这里的河流在平坦的低地，蜿蜒流向大海。当这些水迷失了方向，就汇聚集成巨大的"水坑"，湿地应运而生。蕨类植物在这片湿地里茂盛生长。它的下面堆积着不寻常的土壤。

　　如果把铲子插入积水的地面下，就会发现一大堆植物残骸与蕨类植物的根部纠缠在一起。蕨类植物的瘫软遗骸淹没在棕色水中，就像薇菜的炖汤一般。烈日炎炎、地下水汩汩涌出、不断窜出的蚊子和水蛭……我毫不退缩地挖了 2 米，发现下面果然堆满了植物的残骸。这称为泥炭土（图 1-4）。4 亿年前最

图 1-4　泥炭土（印度尼西亚）

早在水源附近发育的土壤, 就是泥炭土。

泥炭是指累积了未分解的植物残骸的土壤。在日本, 以钏路湿原①为代表, 这种土壤在北海道很常见。泥炭也被用作园艺用的泥炭土, 也作为苏格兰威士忌烟熏风味的燃料。日本威士忌酿造之所以始于北海道, 就是因为泥炭很容易取得。

4 亿年前的泥炭土又是如何形成的呢?

若提及潮湿的热带环境, 身边一个熟悉的例子是食物最容易腐烂的环境, 换句话说, 就是微生物非常活跃的环境。蕨类植物的残骸照理说也应该很快就会分解。然而, 在湿地中死亡的蕨类植物会倒下并沉入水中。

即使在热带地区, 水中的氧气含量也很少, 导致微生物的分解活动难以进行。结果, 植物残骸就积聚在水底。以每年 1—3 毫米的速度积累, 最终形成几米至几十米的泥炭土。

4 亿年前的泥炭土如今已经完全改变了形态, 它就是煤炭。泥炭层深埋于地下数千万年甚至数亿年, 它在地下高温、高压的条件下变质, 转化成为碳质的化石, 也就是我们俗称的石炭或煤炭 (图 1-5 和图 1-6)。

煤炭是工业革命后的主要燃料, 也被称为 "黑钻石", 最初就是来自泥炭土。尽管同为碳, 煤炭和泥炭与钻石相比都显得相当朴素, 但它们不仅展现了土壤诞生时暖暖内含光的魅力, 在我们现今的生活中仍然大有用处。

蕨类植物不仅在 4 亿年前形成了地球上的早期土壤, 而且还表现出了令人惊讶的发展。它们发展出了一片森林。

---

① 日本最大的湿地。

图 1-5   当恐龙在 6600 万年前灭绝时，黑色煤炭层沉积在 KT 界线^①层的顶部。
　　　　冰川侵蚀了大地，形成了山谷（加拿大，阿尔艾伯塔省）

① 现称 K-Pg 界线，指白垩纪（取白垩的希腊文 kreta 的 K）和古近纪（Paleogene,
    旧称第三纪 Tertiary）之间的界线，即地层上恐龙灭绝的边界。

图 1-6　煤炭的露天挖掘景象（印度尼西亚，东加里曼丹省）

大陆漂移和蕨类之森

绿山墙的安妮与大陆漂移

在我们进入蕨类森林之前，有必要提及一件惊天动地的事件，就是大陆漂移。

爱德华王子岛（Prince Edward Island）位于加拿大东岸的圣劳伦斯湾，是《绿山墙的安妮》（1908 年，露西·蒙哥马利著作）故事的背景。故事讲述了因孤儿院手续失误而来到此地的女孩安妮，受到了家人和朋友温暖的照顾，过着充满梦想和希望的生活。即使你还没有读过整部作品，但也许听说过一个名场面，是安妮因红发被嘲笑为"胡萝卜"而用黑板击打吉尔伯特（后来她的丈夫）的头部，并裂成两半（是黑板，不是头部）。不过接下来要讨论的问题在于红色的土地，其实与故事内容毫无相关。

当我看它的姊妹作《通往埃文利之路》（*Road to Avonlea*，1990 年）的电影片段时，有一点令我非常在意，那就是岛的地面是红色的（图 1-7）。安妮的头发只是带红色泽的金发，但地面却是鲜红色的。影片中解释说，红色是由于被称为"赤铁矿"的氧化铁（铁锈）所造成的，这样的红色土壤在热带地区很常见。加拿大照理说不存在这样的土壤。在故事中安妮也问了一个问题："为什么路上的泥土这

图 1-7　加拿大爱德华王子岛的红土（马铃薯田）（达尔文·安德森供图）

么红？"我想这一定也是作者蒙哥马利本人纯粹感到好奇而提出的问题。毕竟在 1908 年当时，这个问题尚无充分的解释。

正是这个谜团，与大陆漂移有关。

其实，4 亿年前的爱德华王子岛位于南半球赤道附近，体验着热带环境的风情。当时，爱德华王子岛上形成了富含红色氧化铁的热带土壤，并沉积为红砂岩。此后，它跨越赤道，历经 2 亿年才到达现在的位置。红色岩石构成的土壤自然是红色的——这就是安妮提出问题的答案。这些红土讲述的一个女孩与大陆漂移的故事传诵至今。

大陆漂移可透过板块构造理论来解释，该理论认为承载大陆的板块自身是会移动的。这个现象并非爱德华王子岛所独有。对日本人来说，这些板块的动态活动就通过地震体现在生活中。

如果将世界各地不同类型的土壤涂上颜色，可以创造一张独特的世界地图。你会发现，南美洲的亚马孙河流域和非洲中部的刚果盆地也分布着相同类型的土壤。这当然也不是巧合。

这种土壤称为氧化土，由于含有大量的氧化铁，会呈现鲜红色或黄色（图 1-8）。这种土壤是热带地区特有的，由于风化而失去了养分。不过，同样在热带地区，这种土壤在地质年代较新的东南亚地区却很少见。南美洲和非洲中部的共同点是，它们的土壤都是在古老的地质条件（一块超过 20 亿年前的稳定地块①）下形成，且都遭受了强烈的风化作用。它们还有许多共同点，除了都有红色土壤外，都是平坦的地形，有共同的植物化石分布。为什么会这样呢？实际上，就是因为这两块大陆原本是同一块相连的超级大陆，称为冈瓦纳大陆（Gondwana）。

---

① 即古陆核，又称"克拉通"，指大陆地壳上稳定而古老的部分。

图 1-8　富含氧化铁的热带土壤（氧化土）。在非洲和南美洲尤其常见

　　从今天的地球仪来看相当难以置信，但数亿年前，世界是由两块大陆所组成——冈瓦纳大陆（包括南美洲、非洲、南极洲、澳大利亚、印度和马达加斯加）和劳亚大陆（Laurasia，包括欧亚大陆、北美洲和格陵兰）。这些陆块花了数亿年才移动到现在的位置。

　　这意味着 4 亿年前的蕨类森林，至今很可能已经转移到了与当时完全不同的位置。我为此再次造访了世界极北端的加拿大，目的是寻找一片拥有 4 亿年历史的蕨类植物"热带森林"。

蕨类之森与气候变迁

　　伊努维克（Inuvik）是靠近北极的加拿大小镇，当地是化石宝库。在我主要的土壤测量工作结束后的晚上（尽管由于时值永昼，太阳不会落下），我通常会从铲子换成锤子来寻找化石。寻找化石最有吸引力的地方是在采石场的悬崖面上，那些标示着"炸药！"和"爆炸！"的地方。我给了保安小哥一个商务微笑和一份小纪念品，他就让我去调查化石。

　　当然，此举也受到了成群蚊子的热烈欢迎，毕竟它们可是在短暂的夏季赌上自己的性命。那也确实令我痛痒难耐。经过全身刺击的巨大牺牲后，终于在一块拥有 3.5 亿年历史的地层中发现了树木化石。这是一棵蕨类植物的树木化石（图 1-9）。

　　正如在爱德华王子岛的例子所介绍的，3.5 亿年前的北美洲大陆位于赤道附近的热带环境。在那里，湿地里的蕨类植物"森林"繁茂茂盛。当地蕨类植物俨然长成一棵棵高达 40 米的巨树，如美木（Callixylon）、鳞木（Lepidodendron）等蕨类"树木"就颇有名气。蕨类植物吸收了大量的二氧化碳，形成了大片的森林。

　　不过，蕨类植物终究是蕨类植物，它们的茎不坚固，风一吹

图 1-9 蕨类树木的化石（加拿大，西北地区）

就容易倒塌。这些树木残骸的不断堆积，导致了泥炭土的大量沉积。也许会感觉这不过就如同一夜回到森林形成前而已，没什么大不了，但实际上森林已经形成，这就代表生长量也大幅增加了。同时这也代表泥炭的沉积率增加，有大量的二氧化碳被固定在地底下。

不仅如此，支撑蕨类树木的巨大"根部"会释放出酸性物质（根部呼吸释放的二氧化碳会溶解在水中，变成碳酸水），同时加速了岩石的风化。从岩石中释放出来的钙与大气中的二氧化碳结合，碳酸钙就此形成。众所周知，现今旱地土壤中的碳酸钙累积层（第 13 页，图 8）是随着陆生植物的演化而发展出来的。蕨类之森不仅在地表上，在地面下也固定了大量的二氧化碳。

蕨类植物所引起的土壤变化，引起了全球规模的气候变迁。

原本在 4 亿年前的地球上，大气中二氧化碳气体的浓度比现在高出 10 倍以上，气温也比现在高了 3 摄氏度。其后诞生了大片的森林和土壤，在 1 亿年来吸收了大量的二氧化碳（图 1-10），结果地球在 3 亿年前降温了 7 摄氏度。极地地区形成了大陆冰川，导致水量减少，海平面也因此下降数百米。

另一方面，大气中的氧气浓度上升至 35％，几乎是现在的两倍。氧气浓度的增加导致了昆虫变得更大。60 厘米的蜻蜓、1 米的蟑螂、2 米的蜈蚣等，巨型昆虫在当时极其繁盛。相较之下，现在蟑螂和蜈蚣的体型可以说是相当和蔼可亲了。

现在仅有山林野菜般大小的蕨类植物，不仅在水边创造了早期的土壤，更形成了地球上第一个真正意义上的森林和土壤，同时也随着大陆漂移，引起了壮观的气候变迁。

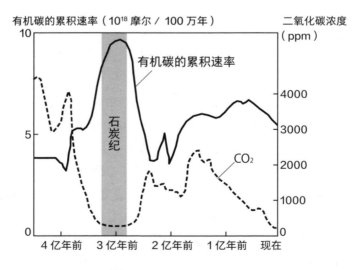

图 1-10　陆地的碳累积和大气中二氧化碳浓度的变化
（根据罗宾逊 1990 年图片重新绘制）

树木和蕈菇的相遇

裸子植物与根系的演化

在北京的一只蝴蝶拍打了翅膀，导致纽约刮起了飓风。

这就是所谓的蝴蝶效应，指微小的要素影响了大规模的现象。本书的第一个关键词是"变化"。在自然界中存在着一些机制，单一的变化可能造成连锁反应，并对生态系统的物质循环或全球规模的气候造成影响。

3亿年前，植物、微生物等土壤周围生物的微小变化改变了土壤，这也大大地改变了大地的容貌。首先发生改变的是植物。4亿年前主要在湿地繁盛的蕨类植物开始衰落，一株新种的裸子植物——舌羊齿植物（*Glossopteris*）——夺取了冈瓦纳大陆的主导地位。它的"种子"比蕨类植物的孢子更能抵抗干燥，而且还能散布令人生厌的花粉。如果你好奇这个怪物究竟是何方神圣，它其实就是我们熟悉的银杏、松树、杉树等树木的祖先。它们不同于苔藓、蕨类植物这些在特殊环境中杀出血路的勇者。

3亿年前的地球是一个艰难的世界。水边听起来不错，但对于植物来说太潮湿了，还要担心许多外敌昆虫的侵扰。树木为了生存而表现出两种适应能力，其一是透气的根，另一个是发展出一种叫作"木质素"的物质。

令人惊讶的是，在中国、日本等部分亚洲地区竟然能找到与3亿年前的海滨类似的环境，那就是稻田。虽然对这些地域的人来说这是司空见惯的景象，但对世界许多其他地方来说却是相当陌生的风景。许多植物在过于潮湿的条件下会窒息，水稻却在室外水池中享受着凉爽的时光。再仔细想一想，水稻为何能在潮湿的土壤中生存而不窒息呢？这里蕴含了 3 亿年前裸子植物生活在水边的秘诀。

如果挖出稻田里的土壤，仔细观察水稻根部周围，就会发现氧气产生的红色铁锈（氧化铁）积聚在根部周围。水稻已经开发出一种通气系统，就像"氧气泵"一般，可以将氧气从地面输送到地下根部。虽然是很熟悉的植物，但这行为其实相当神奇。这种氧气与土壤中的铁反应，形成一层氧化铁的外膜，就是稻田中能看到的红锈（图 1-11）。

图 1-11　水稻根部周围的氧化铁（橙色部分）

　　这种现象不仅限于水稻。爱知县丰桥市是著名的低地城镇，过去是红树林遍布的湿地地带。这一区域的有些地方散落着根部周围的氧化铁膜所形成的化石（图 1-12）。为了避免窒息，红树林也发展了通气系统。

　　在非洲、南美洲和澳大利亚（这三者曾经是冈瓦纳大陆的一部分）都发现有舌羊齿的化石，这种 3 亿年前的裸子植物根部目前已知有通气系统。虽然和恐龙化石相比，这种"根部周围的土化石"的发现实在是土味十足，但它们揭示了裸子植物的祖先如何在 3 亿年前定居在海滨的秘密。

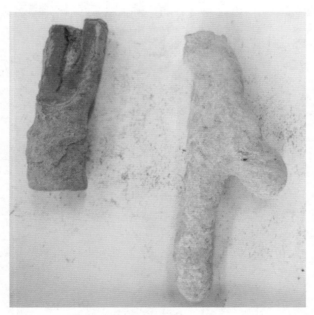

图 1-12　积聚在根部周围的红色氧化铁化石。在日本被称为高师小僧[①]

_____

① 根据发现地的爱知县丰桥市的高师原而得名，小僧为对年幼者的戏称。

这可能只是个小小的创新，但却是构成现在随处可见的森林中的诸多树木要登场时不可或缺的第一步。

谜样的物质"木质素"的出现

另一种树木独有的机制是由裸子植物在 3 亿年前开发的，是木质结构的一个组成部分，称为"木质素"。木质素是芳香族化合物（具有苯环的物质的总称）的复杂化合物，与植物的主要成分纤维素（多糖类的一种）大相径庭（图 1-13）。多酚是炖菜中产生苦味的成分之一，而木质素就是多酚的复杂化合物。木质素的存在增强了树干的强度。尽管产生木质素要比纤维素消耗更多

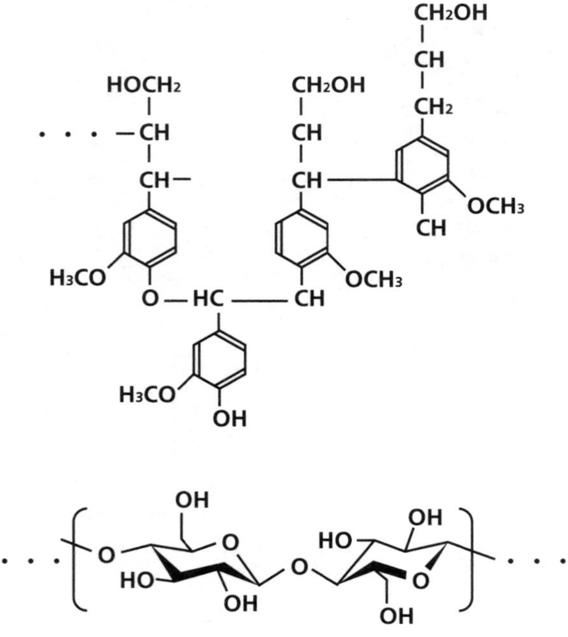

图 1-13　木质素（上侧）和纤维素（下侧）

的能量，但为了增加强度这是必不可少的投资。通过增加强度、提升高度，树木才能赢得日照的争夺战。

裸子植物的树木和叶子含有大量的木质素，使它们的身体更能抵抗风风雨雨等物理伤害，也增强了对害虫的防御能力。这就是我们现今看到的树木常见特征，但在蕨类植物和草本植物中却很少见。就我个人而言，我认为构成木质成分的木质素就是"木材的本质"。

植物内部的结构变化不仅对地表上的世界产生影响。这一变化也引发了更多的变化。正因为物质循环不会止于单一的变化，因此是个不容小觑的机制。终于盼到植物生长出木质素的土壤，也将发生重大变化。

树木的木质素结构发展令土壤中的微生物感到惊讶。含有大量木质素的植物残骸不只风味欠佳且难以下咽。微生物不知道如何处理这些食物，结果就有越来越多的有机物（例如倒下的树木和落叶）残留在土壤中。这情况看起来就像我的办公桌，上面只堆满着文件。由于分解（处理）速度跟不上，泥炭（待办事项）就堆积如山。

3亿年前，微生物反应不及导致了地球史上最大的煤炭堆积时期。地质历史时期中，最经典的代表就是石炭纪（图1-10）。

蘑菇的演化与石炭纪的终结

当落叶（有机物）分解时，其中许多物质会被微生物转化为二氧化碳并回到大气。没有立即分解的落叶"厨余"仍逐渐分解，变成腐叶土并成为腐殖土。腐烂的本质就是被微生物分解，而植物吸收的养分（氮、磷、钙等），就通过这些有机物的分解循环不息。

　　这种进展停滞的状态，就相当于汽车的交通堵塞，或是人体的消化不良。3 亿年前面临的养分循环停止，对生态系统来说是一场重大危机。然而，堪称救世主的蕈菇演化，彻底改变了这个状况。

　　当提到蕈菇时，首要浮现的一个强烈的印象，大概是它们为"可食用"的食材。然而，蕈菇其实是产生蕈菇（子实体）以进行繁殖的微生物（担子菌和子囊菌）的总称。它们的主体是菌丝体，散布在土壤和倒下的树木周围。它们在生态系统中的角色是"吃掉"有机物的分解者。尤其属于担子菌的蕈菇是高效的分解者，负责森林中养分的循环利用。

　　在 3 亿年前的大地，当煤炭大量堆积的时候，担子菌菇类普遍还很稀少，而且也不具备分解木质素的能力。然而，到了 2.5 亿年前，蕈菇的种类及数量开始迅速增加。这标志着有机物的分解迎来转折点。蕈菇类究竟是得到了什么样的武器？

　　榉木林是蕈菇的宝库。臻蘑、滑子菇和舞菇等，这些担子菌的存在可以通过目视来确认，如果对自己的鉴别能力有信心，也可以通过品尝来确认。当然，我们要研究的不是蘑菇汤的成分，而是这些蕈菇的菌丝体在土壤中做了什么。

　　如果扒开榉木林里的落叶层，就会发现下面有厚厚的腐叶土和倒下的树木。此处除了树根外，到处都是蕈菇或霉菌的菌丝体，这里是有机物分解反应发生的最前线。蕈菇的菌丝体非常微小，肉眼难以辨识，但仍旧无法穿透复杂的木质素结构，这使得木质素无法分解。然而，少数蕈菇会从菌丝体中释放出一种特殊的酵素，称为过氧化物酶。过氧化物酶会向水中释放强氧化剂，借此基底来分解木质素。

　　这类蕈菇被称为白腐真菌，因为它们会将木材腐烂成白色，并且担负分解木质素的大任（虽然主要是其菌丝体）。其中包括附着在倒下树木上的多孔菌（*Polyporaceae*，图 1-14），其他像香菇、滑子菇、金针菇和舞菇等都是。白腐真菌会通过菌丝体中释放的酵素，获得分解复杂木质素的能力。

图 1-14　白腐真菌的蕈菇（多孔菌家族的成员）

破译蕈菇大量遗传讯息的研究表明，白腐真菌通过丰富多变的演化获得了分解木质素的复杂机制。那是距今约 2.5 亿年前的事了。白腐真菌可能看起来是猎奇的食客，但通过酵素的力量去除木质素的话，它们就可以享用背后的美味成分（纤维素和氮）。

　　尽管白腐真菌的竞争力不如其他蕈菇、霉菌和细菌，但比起在恶劣的条件下（酸性、缺氮）更刁钻地竞争，它们选择垄断难吃的倒树等残羹剩饭，并成为其中的佼佼者，确立了不可动摇的地位。不走寻常路并取得突破，在任何世界都是生存策略的一种。

故事到这里还没结束。蕈菇的演化促进了有机物的分解，并结束了地球历史上最大的煤炭累积时期（石炭纪）。终于，倒下的树木和树叶可以被完整分解。这意味着植物和土壤之间养分的循环利用——犹如一场抛接球的游戏——至此已经顺利开始。

森林土壤的物质循环功能，并非我们想象的那样理所应当。要通过蕈菇和树木的演化，地球的物质平衡才能获得保障。

侏罗纪土壤

恐龙们的餐桌

2亿年前，著名的侏罗纪时期拉开序幕，巨型的爬行动物在地球上漫游——它们就是恐龙。在科幻电影《侏罗纪公园》中，从困在琥珀中的蚊子过去吸取的血液中收集到恐龙的基因（DNA）并注入未受精的鳄鱼蛋中，复活了恐龙。当然了，连我只是比较不擅长实验而已都会导致DNA变质，现实生活中2亿年前的恐龙DNA（照理说）更不可能良好保存至今。但终究是电影，恐龙就在这个设定下复活了。

在本书，我们将采用土壤和化石这些更土里土气的方法，试图来还原恐龙时代的环境。

当提到恐龙，脑海中首先浮现的是霸王龙攻击三角龙的形象，但实际上在2亿年前的侏罗纪，栖息的是腕龙等其他大型的恐龙，它们适应了低氧的环境及随后上升的氧气浓度（由于火山活动等原因，大气中氧气浓度发生波动，氧气浓度从3亿年前的35%下降到10%，然后又恢复到20%）。恐龙是生活在什么样的植物和土壤环境中呢？让我们来探索"侏罗纪土壤"，也就是恐龙时代的土壤。

探索那个时代的土壤，首要的线索就是气候和植物。由于超级大陆（盘古大陆，Pangaea）的持续分裂，2亿年前的大地上海风徐徐，气候变得温暖湿润。随着雨水广泛倾注在大地之上，森林扩展到了过去曾是沙漠的内陆地区。土壤的分布区域也不再局限于靠近水源的湿地。

那么植物呢？曾经创造森林的大型蕨类植物已经消失，苏铁、银杏和松树等针叶树成为地上的主角。这些植物是花园、公园和行道树上的熟悉面孔。例如银杏至今仍以金黄的行道树和白果丰富我们的生活，但它实际上是来自恐龙时代的活化石。针叶树（松柏目）是一个门类，有着针状叶子、多刺以及会产生球果。当雌花接受花粉并成熟时，它会让种子飞向远方，这些就是球果。

说"草食性"恐龙会被误认为它们吃草原上的草[①]，但在 2 亿年前，是个既没有草，更没有草原的时代，最主要的食物是针叶树的叶子。这种叶子尖尖刺刺的，看着实在提不起胃口，但却是当时植食性恐龙的主食。而且一个有力的学说认为，当时的叶子会比现代针叶树的更柔软、更容易食用。

无论如何，这片土地既不是草原，也不是阔叶林，而是针叶林茂密生长的大地。现今针叶树在寒冷地区比较常见，但在 2 亿年前的大地，针叶林甚至遍布在亚热带，形成画风突变的森林，而全新的土壤也诞生在其下。

让土壤酸性化的植物

亚热带森林的发展，也为地面下带来了重大的变化，也就是"酸性"土壤的诞生。

当雨水丰沛就会形成森林，但过多的降雨会导致土壤和岩石风化。土壤会逐渐流失钾和钙，转变为酸性，就是所谓的"酸性化"。如果没有新的养分供应，土壤就会随着时间的推移逐渐变得更酸。我所见过地球上最古老的土壤（不包括地层和化石），距今已有

---

① 因此严谨上会称呼为"植食性"恐龙，而非"草食性"。

1000 万年的历史（图 1-15）。

　　这是在美国弗吉尼亚州河流阶地上残留的土壤。经过多年的酸性化，这种土壤变成了高度风化、养分贫瘠的红黄色土壤（这种究极的土壤称为老成土）。2 亿年前的酸性土壤就大概与此类似。

　　"酸性化"这个词可能对生物而言就是负面的印象。实际上，土壤酸性化对许多植物来说也确实不受欢迎。当土壤变酸时，有害的铝离子会析出，抑制植物根系的生长。此外，植物生长所必需的磷在水中的溶解度也会降低，导致难以透过根部吸收。此外，再加上看到青铜雕像被酸雨淋得破破烂烂，人们也常将土壤退化归咎于酸雨。

图 1-15　土壤风化。由左至右分别是 10 万年前、150 万年前、1000 万年前诞生的土壤。古老的土壤由于风化导致氧化铁积累，因此色泽较红（美国，弗吉尼亚州）

　　然而，即使在受酸雨影响较小的地区，森林土壤的 pH 值也可能降至 4 或 5。然而即便在酸性土壤中，树木似乎也不受影响。

　　其实，在森林中使土壤呈酸性的元凶就是植物本身。植物吸收溶解在水中的钙离子和钾离子，并会从根部释放氢离子（酸）作为代换。森林中植物根部释放的氢离子量，甚至会是落在森林上酸雨量的 10 倍以上。虽说植物也会吸收磷酸等阴离子，但它们吸收的阳离子量却要更多。植物若要生存就必须要吸收钙和钾，因此土壤不可避免地就会呈酸性。

　　正如我们在苔藓和地衣中看到的那样，需要酸性物质来快速溶解岩石和土壤中的矿物质。如果不释放酸性物质，就无法获取足够的养分，植物也会因此发愁。为此，植物获取养分的最终选择，就是让酸性土壤变得更加酸性。酸性化不能简单粗暴地视为土壤退化，它也是一种植物赌上性命来生存的策略。

　　2 亿年前，当针叶树扩展到新的内陆地区时，它们选择通过一种称为"酸性化"的策略从土壤中获取养分，但这会使酸性土壤变得更加酸性。这意味着植物不仅是在被赋予的土壤条件中求生，还会积极地改变土壤。不是土壤单方面改变植物，而是植物也开始会改变土壤。

适应酸性土壤的松树

　　2 亿年前最繁盛的针叶树是一种名为南洋杉（*Araucaria*）的针叶树，广泛分布于世界各地。如今，其后代散布在南半球各地，而 2 亿年前分化出来的松科植物（松树、云杉等）则主要在北半球的北方森林中繁衍生息（图 1-16）。松树是如何应对酸性土壤的？让我们暂时回到现代，看看松树是怎么生活的。

　　如果漫步于北欧（瑞典、芬兰等）的松树林，会发现地面上

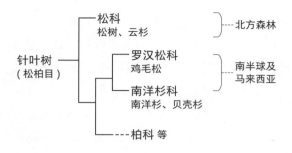

図 1-16　针叶树的系统树

覆盖着一层厚厚的落叶，或是地衣和苔藓的地毯，而再下面就是砂土。北欧著名特产蓝莓的灌木丛也在这里繁盛。如果深入挖掘从海平面上升后变成陆地的不同时代的砂土，就可以看到土壤在相对较短的几百年间发生了变化（图 1-17）。

　　几百年来，落叶层越来越厚，形成一层白沙；其下则形成一

图 1-17　松树林下的灰化土。从左
到右，经过几百年的时间，分化成白
色的漂白层和下面红棕色的堆积层，
　　发育得非常厚（爱沙尼亚）

层含有红棕色黏土的层，也就是所谓的灰化土。

　　土壤里究竟发生了什么事？我总是收集从落叶层及其下面的土壤中渗出的水并进行分析。土壤的变化是通过水为媒介发生化学反应的，因此透过检验水质，可以识别出引起变化的物质。无论走到世界的哪个角落，我都会在园艺用品店扫购花盆碟。商家多会误以为我是一个在练习盆景的人，但实际上，这些花盆碟是用来收集从土壤中渗出的水。在碟子底部打一个洞，连接软管，然后将从落叶层中渗出的水收集到瓶子中（图 1-18）。

图 1-18　收集土壤水的设备（印度尼西亚）

　　当我们收集从松树落叶中渗出的水时，我们发现它的颜色类似于浓郁的红茶（图 1-19，右图），只不过散发的是松树的气味。这种味道真正的身份，其实又是有机酸。苔藓和地衣的案例中介

图 1-19　通过落叶层的土壤水。根据溶于其中的有机物的含量差异，
颜色也有所差异

绍的有机酸（柠檬酸和苹果酸）是无色透明的（图 1-19，左图）；
但从落下的松叶中渗出的有机酸的主要成分却是棕色的酸性物质
（单宁酸等）。

　　负责分解落叶的微生物并不会分解所有东西，而是会舍弃一
些难吃的成分。这其中就含有许多棕色有机酸（俗称为黄腐酸），
例如单宁酸和苯酚。掉落的松叶中，可以中和这些酸性物质的钙
质等成分含量较低，结果就会造成落叶渗出的水充满尚未中和的
酸性物质。我们将在下一章中更详细地讨论这个机制，但光从结
论来看，这样的松叶萃取物其酸性与微碳酸的柠檬汁差不多。这
也是为什么序章中介绍的凤梨蟹，必须从巢中清除落叶以保护其
幼崽的原因。

　　流经土壤的酸性物质既会输送钙、钾离子，也会溶解出黏土
中保留的钙、磷。有机酸（阴离子）所携带的钙离子等阳离子，
会逐渐释放出来并被植物根部吸收，即酸性物质可以促进养分
的循环。

　　被酸性物质破坏的黏土不仅释放出养分，还释放出铝和铁。
铝和铁逐渐向下移动，直到酸性物质被中和的区域形成黏土（氧
化物）并再次累积。表层的黏土和养分减少，形成漂白的酸性白

沙层和下面的红棕色堆积层。松树获取养分的酸性化策略，创造了一种名为灰化土的神秘土壤。如果我们考虑到，通过灰化土和强烈风化的红黄色土壤中的酸性析出的钙质最后被恐龙摄取，这意味着酸性土壤支撑了恐龙的生命和体重。

南洋杉的后裔

2 亿年前，当恐龙还存在于地球的时候，遍布着一片亚热带针叶林，与今日北欧的松树林截然不同。这个时代占主导地位的针叶树是南洋杉，高度可达 30—80 米。南洋杉在侏罗纪时期成为植食性恐龙的重要食物来源。腕龙是一种体长超过 20 米的巨型植食性恐龙，据推测就是为了吃树上营养丰富的叶子而演化出了如此长的脖子。

这两者的巨大化就是生存斗争的结果，这被称为"进化军备竞赛"。自然界中也会发生类似于冷战时期苏美核武竞争的现象。然而，无论是在自然界还是在人类世界，如果过度专注发展特殊能力，就会伴随失去对环境变化做出实时应变能力的风险。6600 万年前，随着恐龙的灭绝，南洋杉也从北半球消失了。

目前，南洋杉的后裔，如鸡毛松（罗汉松科）和贝壳杉（南洋杉科），在北半球（除马来西亚外）很少见，主要散布在南半球。尽管它们的栖息地仅限于营养不良的土地和悬崖边缘，但那边的土壤仍然保留着 2 亿年前南洋杉的生活模式。

在马来西亚最高峰京那巴鲁山（Mount Kinabalu）里的热带山地森林中，鸡毛松生活于此。这种树是南洋杉在 2 亿年前分化出来的近亲。令人惊讶的是，鸡毛松树下面的土壤，与北欧松树之下的同样都是灰化土。在热带地区的灰化土很罕见，一般酸性土壤都呈现红色或黄色。为什么在鸡毛松树下会产生热带地区罕见的灰化土呢？

鸡毛松的落叶和倒树和北欧的松树一样，都富含芳香族的物质（木质素）和酸性物质（单宁酸），这些成分不仅难以分解，营养成分还较低。因此，它很难被许多微生物分解。有些霉菌和蕈菇（白腐真菌）具有分解能力，但分解速度较慢。结果，就累积了20厘米的酸性覆盖物，这在万物都容易腐败的热带环境中是一个特例。厚厚的腐叶土中会渗出棕色的酸性物质，于是鸡毛松的酸性落叶萃取物就和北欧的松树林一样，都在树下形成了灰化土。

针叶树的贝壳杉与南洋杉的亲缘关系比与鸡毛松的关系更为密切，目前仍存活在新西兰。贝壳杉也会落下比鸡毛松更难分解的叶子。因此贝壳杉的树根周围总是覆盖着一层厚厚的腐叶土，厚度可达2米。在树的根部厚厚积累的腐叶土，每当雨水流经时，就会滤出大量的棕色酸性物质。也因此，下面的土壤被漂白成纯白的沙子，铁和铝在其下堆积。由于其外观像托蛋的器皿，因此被称为"蛋杯"灰化土（图1-20）。

生长在北欧的松树和2亿年前南洋杉的后裔有一个共同点，那就是它们都会主动使土壤呈酸性以获得养分，最终形成灰化土。从酸性土壤中刮取的养分，会积聚在表面积累的厚厚的腐叶土层中。靠一点点浸出棕色酸性物质和养分，酸性土壤得以存续。带有白色漂白层的灰化土形成与否，虽然也取决于沙子量的多寡，但它更显示了针叶树对土壤影响的强度。

2亿年前潮湿的大地有着强烈风化的红黄色土壤（图1-15）；在受针叶林（南洋杉）影响强烈的地区，则广泛分布着色彩丰富的"侏罗纪土壤"，也就是所谓的灰化土（图1-17和图1-20）。

图 1-20　针叶树的贝壳杉树根周围形成的蛋杯型灰化土（新西兰）

吞食岩石的蕈菇

那么，现在北半球仍然繁盛的松树和已经衰落的南洋杉之间，究竟有什么区别呢？其中一个差异就在于根部。

北欧松树的根部与被称为"外生菌根真菌"的蕈菇共生。外生菌根真菌是一种与树木形成共生关系，并在包裹树木根部的同时发育出菌丝体的蕈菇。作为从松树接收糖分（能源）的交换，菌丝体会吸收磷、氮等养分以及水，并提供给植物。最为家喻户晓的大概是松茸了，它就是赤松的外生菌根真菌。素有"松茸芳香、占地美味"之称的本占地菇和松露也属于外生菌根真菌。所有这类蕈菇如果没有特定树木提供的糖分都无法生存，这也使其难以栽种，因此作为食材弥足珍贵。

外生菌根真菌在森林的物质循环中也占有一席之地，也有从酸性土壤中汲取养分的功用。外生菌根真菌将从树木中获得的一些糖分转化为有机酸（柠檬酸和苹果酸），从菌丝体中释放出这些有机酸，钻入岩石中并挖掘养分。由于这种能力，外生菌根真菌也被称为"吞食岩石的蕈菇"。当观察北欧松树林中形成的灰化土的漂白层时，会发现其中的矿物含有许多菌丝体开凿的隧道（图 1–21）。

菌丝体四处扩张，可以有效吸收养分，并转移一部分到松树上。在酸性土壤中，大量的有害铝离子也会被析出，但菌丝体释放的有机酸也具有包裹和解毒有害铝离子的功能。外生菌根真菌接管了原本该由松树根部完成的工作。

许多植物也会通过与外生菌根真菌以外的菌根真菌（丛枝菌根真菌）共生，开始在陆地上生活。这种共生历史最少可以追溯到蕨类植物刚出现的 4 亿年前。丛枝菌根真菌将其菌丝体插入作为宿主的植物根部细胞中以取得糖分，而作为交换，其会为植物

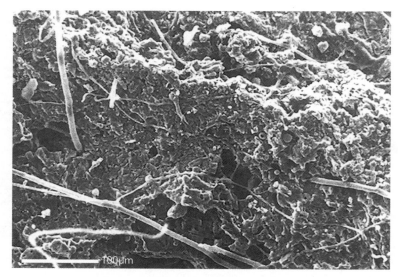

图 1-21　溶解矿物的外生菌根真菌的菌丝体（罗杰·芬利供图）

提供水分和养分。南洋杉的后裔也是与这种菌根真菌共生。

　　然而，这种真菌溶解岩石和改变土壤的能力较有限。另一方面，北欧的松树至少在 5000 万至 1 亿年前就与外生菌根真菌存在共生关系，使它们能够通过溶解岩石来获取养分。这就是为什么南洋杉会数量骤减，失去在当今严寒和酸性的北方森林中主导地位的原因之一。

　　针叶树适应了 2 亿年前潮湿条件下遍布的酸性土壤，在地球上占据了主导地位，并与恐龙一起繁盛。松树家族则通过落叶和根部主动改变土壤，并通过与外生菌根真菌共生来有效地适应酸性土壤，至今仍在北方森林中生生不息。

　　2 亿年前，针叶树席卷全球，但由于新族群的出现，它们被迫进入北方森林或是南半球的小部分地区。这些新族群就是被子植物。

沙上的热带雨林

龙脑香大远征

距今 1.5 亿年前，从腕龙时代（侏罗纪）过渡到霸王龙、三角龙的时代（白垩纪），被子植物随之现身，热带地区的针叶树（裸子植物）也迅速地被被子植物所取代。被子植物是我们最为熟悉的植物，有着惹人怜爱的花朵和果实。通过与蜜蜂和蝴蝶等散播花粉的昆虫合作，被子植物至今已席卷全球。

龙脑香科植物（图 1-22）是东南亚热带雨林最繁盛的被子植物。一棵棵超过 60 多米的参天巨树，如摩天大楼般耸立云霄。

图 1-22 龙脑香科植物独霸的热带雨林（印度尼西亚）

听到龙脑香这个词可能还有些陌生，但在《平家物语》①的开头"祇园精舍的钟声，敲响着诸行无常之音。娑罗双树的花色，显现着盛者必衰之理……"中出现的娑罗双树，据说是佛陀临终时围绕在床边的植物，而这种树就是龙脑香科植物的一种。

此外，虽然近年日本国产木材的使用有增加的趋势，但进口龙脑香科植物的胶合板（柳桉木材）已广泛用于日本学校的课桌椅，是一种与大家有着深厚渊源的植物。

龙脑香科植物起源于冈瓦纳大陆，9000 万年前到达刚从大陆分离出来的印度次大陆。印度次大陆每年以数厘米的速度向北移动，在 4500 万年前与欧亚大陆相撞。喜马拉雅山脉就是在这次碰撞中诞生的。

龙脑香科植物一路航行到印度次大陆，扩展到亚洲，并在 3000 万年前到达东南亚。此后，迄今已发展出 10 属 386 种的多样性，成为东南亚热带雨林的优势物种。但反观留在非洲和南美洲的龙脑香科植物的亲戚（关系有点远的亲戚）却仍然是矮树丛。龙脑香为何在东南亚能变得特别繁荣？东南亚的"酸性"土壤是关键。就让我们从地底下来探索巨大热带雨林的奥秘吧。

热带土壤为何营养贫瘠？

热带土壤通常被认为是营养贫瘠的。若持续砍伐森林，最终这里的土地就会变成荒芜的不毛之地。热带的土壤究竟有什么特别之处呢？

---

① 成书于 13 世纪的镰仓幕府时期的军记物语，作者不详。内容讲述权倾天下的平氏家族从崛起、兴盛到被源氏家族消灭的故事。

　　当我们深入挖掘印度尼西亚的热带雨林土壤时，我们发现森林地面很薄，富含有机质的肥沃表层土壤也很薄（图 1-23）。其下就是受到风化、营养贫瘠的土壤不断深入。这就是此处土壤营养贫瘠的缘由。

　　此处的土壤有两种问题——酸性和缺磷。

　　在东南亚的热带雨林中，土壤变成酸性。土壤中水的 pH 值为 4，依然是与微碳酸柠檬汁的酸度大致相同。在酸性条件下，有毒的铝离子被滤出并抑制根部生长。在热带雨林高度风化的土

图 1-23　热带雨林的土壤。被称为老成土的强烈风化的红黄色土壤
（印度尼西亚，东加里曼丹省）

壤中，几乎没有钙等起到中和作用的成分。许多原住民依赖刀耕火种农业（一种通过烧毁森林和草原，耕种数年然后废弃，在重新种植和再利用间反复循环的耕作方法）的原因之一是为了要中和酸性土壤，因为碱性的草木灰可以减轻土壤所受的酸性灾害。

另一个问题就是这里长年缺乏植物生长所需的磷。我们之前已经解释过，酸性土壤会使磷难以溶解出来，这种情况在热带土壤中更是雪上加霜。在热带地区潮湿的气候中，岩石风化很快，可以为土壤提供磷的岩石也就较少。此外，由于风化和雨水的影响，土壤中的养分逐渐流失。事实上，在年降雨量为 2500 毫米的夏威夷岛上，经过 400 万年的风化，土壤已失去养分，植物产量下降。

尽管有这些问题，东南亚每公顷仍有 600 吨干重[①]的树木。光是落叶，1 年就掉落足足 6 吨。此处植物的生长量是日本森林的三倍。这样还说土壤不肥沃，让我非常怀疑到底为何此处可以如此多产。

贫瘠土壤产生森林的原因

壮阔的热带雨林能够在"营养贫瘠"土地上生长，其原因之一仍旧来自地下。

热带雨林通常被认为是特殊的，但在森林地面下延伸俗称"根层（root mat）"的根部地毯，与在北方森林和温带森林中占主导地位的松科或山毛榉科树木如出一辙，根尖都异常细（图 1-24）。事实上，东南亚的龙脑香科植物也会与外生菌根真菌共生，和支持松科针叶树的生存长达 2 亿年的"吞食岩石的蕈菇"是一样的。

---

① 指植物去除水分后的重量。

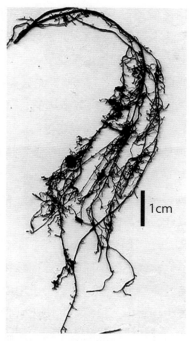

图 1-24　龙脑香的细根（印度尼西亚）

根部异常纤细的外观，就是由于覆盖表面的外生菌根真菌的菌丝体所形成。

更有趣的是，留在非洲和南美洲亚马孙地区的许多龙脑香科植物并不与外生菌根真菌共生。"凭什么东南亚的龙脑香可以得天独厚？"几乎可以听到来自非洲和南美亚马孙地区的远亲忿恨难平。

我决定再找大佬问这个问题。当时我还是学生，著名植物学家彼得·艾什顿（Peter Ashton）博士通过电子邮件向我仔细地解释了他的假说："也许是冈瓦纳大陆的龙脑香在亚洲遇到山毛榉科树木时，模仿并习得外生菌根真菌的机制。"

　　龙脑香科植物可能通过与外生菌根真菌共存克服了酸性土壤，并在东南亚繁盛。一个无法验证的宏大假说也许只是一个浪漫的想法，但它比任何逻辑理论给了我更多的勇气和动力。我为此飞往印度尼西亚的东加里曼丹省，调查龙脑香根部的作用机制。

　　从 60 米高的观景塔上俯瞰热带雨林的日落景色真的很美，但从摇晃的塔楼下来时瑟瑟发抖的双腿提醒着我有恐高症。几年后，这座塔被强风吹倒塌时，证明我的恐惧并非无中生有。但龙脑香树不会倒塌，因为它们有暴露在地面上的"板根"支撑（图 1–25）。然而，板根仅是一种物理支持，真正支持着养分吸收的是在落叶下展开的根，也就是所谓的根层。我从与外生菌根真菌共存的根部周围的微小区域收集水分，并尝试分析。

　　然后就发现了，龙脑香根部周围的柠檬酸和苹果酸浓度特别高。热带土壤容易缺乏磷。而且，在热带土壤中，有价值的磷会被困在铝和铁的氧化物之中。根部虽然吸收水分，但几乎吸收不到磷。与之相对，菌丝体所释放的有机酸会溶解含有磷的岩石，以及与磷结合的铝和铁，借此释放出的磷就被菌丝体和根收集。

　　热带土壤也有其独特的问题。释放的有机酸在几个小时内被活跃的微生物分解，因此外生菌根真菌必须不断产生有机酸来滤出磷并包围有害的铝离子。为此，龙脑香科植物尽最大努力在距地面 60 米的森林冠层（高大树木的叶子顶部）进行光合作用，并通过其根部将糖分（菌根真菌和植物的能量来源）源源不绝地传递给外生菌根真菌来生产有机酸。

　　很难说这到底是一种幸福美好的共生关系，还是像人类一样相互索取的契约关系，但外生菌根真菌和龙脑香植物保持着一种相互的关系，无论是地上还是地下，都造就了各自称霸的可能性。

　　支撑起这棵 60 米高的树木所需的营养，是地下微观世界的

图 1-25　龙脑香的板根（印度尼西亚，东加里曼丹省）

　　根部和蕈菇（外生菌根真菌）的辛劳。由于对酸性土壤的在微观尺度的适应策略，龙脑香科植物在东南亚得以蓬勃发展。热带雨林的高生产力，是得益于龙脑香科植物和蕈菇透过土壤建立起的网络。而这样的森林一旦被砍伐，就很难恢复，不仅因为土壤养分低，还因为生物体之间的网络被斩断了。

　　我在本节开头介绍的《平家物语》的"盛者必衰之理"中，将无常的概念套用在花朵不断变化的颜色上。在日本，这个花名被套用在夏山茶上，但其实典故是来自龙脑香的花朵在佛陀圆寂后迅速枯萎的故事①。由于热带雨林遭受砍伐时的脆弱性，人们常常将其比作沙上的宫殿，如果继续肆意砍伐，最后如"娑罗双树的花色"一般盛者必衰的恐怕不是龙脑香，而是人类自己。

4 年一度的百花齐放

我想继续多谈谈龙脑香科的热带雨林。春有百花齐放，夏叶繁茂成荫，秋有红叶遍野，冬天果实凋零。这是环境四季分明的温带落叶树给人的全年的想象图景。很多人一听到"白天变长了"就会感受到季节的变化。相较之下，在赤道的热带雨林中，终年白天的长度几乎没有变化。

因此在此的龙脑香不像温带地区树木那样年年落叶，也不会开花结果。每 4 年一度，热带雨林里就会举办起一次特别活动，蜜蜂和其他动物都蜂拥而至。这不是奥运会或世界杯，而是一种百花齐放的现象。熊蜂和鸟类纷纷来此寻找花蜜和水果，并搬运花粉。有着两片翅膀的龙脑香种子也随风飘扬（图 1-26）。

那么，为什么要间隔 4 年呢？多年来，这种现象一直是热带生态学中的一个谜。

第 1 个假说是，它与全球气候周期厄尔尼诺现象同步。厄尔尼诺现象是指每年 12 月左右，太平洋赤道海域中部至秘鲁海岸一带海域水温升高的现象。

海洋温度上升使其上方的大气变暖，导致全球气候变迁。在

---

① 娑罗双树（学名 *Shorea robusta*），是龙脑香科植物，原产于印度。由于部分特征与夏山茶（学名 *Stewartia pseudocamellia*）接近，因此典故传入日本时与此种植物混淆，加上娑罗双树于日本不易种植，多数寺院也会以夏山茶作为替代象征。

图 1-26 两片翅膀的种子（印度尼西亚）

印度尼西亚的婆罗洲岛上，影响包括低温和干燥。树木会感知到，厄尔尼诺现象带来的干旱期过后，将会有一段稳定的湿润期，是留下子孙的好时节。

第 2 个假说是，这是蜜蜂（授粉媒介）调度行程安排的结果。在热带雨林中，每公顷有多达 200 种不同的树木，因此为了授粉成功，同一物种的树必须在相同的时间开花。此外，为了吸引传粉媒介，需要提供足够量的花蜜和花粉来吸引。限时将储存 4 年份的花朵奉上，可以吸引传粉者，并提高授粉效率。

为了研究这种发生在离地 60 米高处的现象，热带生态学家井上民二博士在雨林中竖立了一座高塔，并在树冠间搭造了桥梁。他通过实验验证了传粉者和花朵之间的同步关系，并表明不仅仅是植物的状态，昆虫的配合也是开花齐放之所以演化出来的要因。

第 3 个假说是，为了防止红毛猩猩等捕食者吃掉所有种子，树木选择同时将所有果实一起落下，制造出根本吃不完的量。植物的策略就是，从它掉落的众多种子中，总有一些种子能在杯盘狼藉中存活下来并发育苗壮。

第 4 个假说终于在此压轴登场了，就是关于土壤的解释。然而令人悲伤的是，这个假说其实说穿了就是树木每年都没有足够的养分来结出果实。热带雨林的高度风化的土壤中，没有足够的氮和磷来让树木每年都产生种子，树木只好继续储存它们吸收的养分，在第 4 年才足够产生种子。

即使在我研究的印度尼西亚热带雨林中，若是每年每公顷生产 1 吨种子，也需要数千克的磷，但这里的土壤没有能力提供这么多磷。据计算，磷在体内储存需要花费数年的时间。然而，温带地区的常态规则就是每年都要结果，否则生理就会紊乱，而生活在热带地区的龙脑香植物则可能调整了自己内部的生理时钟。

以前人们认为龙脑香种子上附着的两个翅膀是用来御风而行，把后代带到很远的地方的。但现在发现，在森林里大部分的种子都是直直落下的。如果靠近成年树，水分和养分就可以透过外生菌根真菌的菌丝体转移到树苗上。因此落在周围的同一块土地上，是更加实际的做法。

虽然没听说过树木会"养育"孩子，但如果愿意牺牲自己宝贵的磷，来提高后代存活的成功率，这何尝不是天下父母心呢。如果我们估计一粒种子变成大树的概率高达 1%，那么森林也需要 100 年才能正常发展。也许就是在如此恶劣的环境下，促进了和谐地世代交替的发展机制。

冰之世界的森林与土

逃往北欧的松树们

在霸王龙和三角龙活跃的时代（1.5亿—6600万年前），与龙脑香并列的另一个枭雄——山毛榉科树木的祖先在东南亚登场了。山毛榉科的成员自然包括了山毛榉木，其他还有会产生坚硬的果实（也就是坚果）的树木，如栗树、栎树、栲树、橡树等。山毛榉的故乡是亚洲的热带山地森林，它从赤道附近向北传播，穿过欧洲和白令地峡，扩张进入美洲大陆。山毛榉科的树木也与外生菌根菇形成共生关系，共存共荣。在温带森林中，山毛榉科树木的霸主地位一直延续至今。

结果，松科的针叶树就被排挤到北方。设法逃到北欧的这些树木类群是幸运的，因为北欧比加拿大的极地区域和西伯利亚来得更加湿润和温暖。这是受到来自墨西哥的暖流（北大西洋洋流）和西风带所带来的恩赐。

在潮湿的北欧，冰河时期（本书所说的皆是指末次冰期，距今7万—1万年前）降下的雪厚厚地沉积并压缩，形成了大陆冰川。冰川侵蚀了这片土地并不断扩张，全盛时期几乎覆盖了整个欧洲，厚度可达3000米。当1万年前冰河时期结束时，大陆冰川退缩，如今仅剩格陵兰岛和南极洲还存在冰川；而在阿尔卑斯山、喜马拉雅山和落基山脉则至今仍然可看到山岳冰川（图1-27）。

这似乎是一个酷寒的世界，但受冰川保护的土壤并没有结冰，这与雪屋的防寒作用是相同的原理。这里的土壤不会结冰，这在北极圈的土地中来说是独一无二的。冰河时期结束后，在温暖湿润的气候下（这是相较于加拿大和西伯利亚的极地地区来说），松科的针叶林下形成了灰化土，湖泊附近的湿地则形成了泥炭土。地面上堆积了蓬松的地衣和苔藓，喜欢酸性土壤的蓝莓在此茁壮成长。地衣是驯鹿的食物，蓝莓则是人类的点心。由于 1 万年前广布的冰川和至今持续的暖流，北欧拥有丰富的松树林。

图 1-27　瑞士阿尔卑斯山的山岳冰川

永冻土和"醉汉森林"

加拿大北部包夹了大西洋，此处风景独特。树木东倒西歪，七横八竖，因此被称为"醉汉森林"（图 1-28）。一场严酷的洗礼正等待着那些被驱赶到北方的加拿大和西伯利亚极地地区的松科针叶树。

图 1-28 "醉"得东倒西歪的黑云杉（加拿大，伊努维克）

　　加拿大北部的伊努维克小镇，位于极北端，从日本起飞要转机 5 趟，非常靠近北冰洋。从加拿大的埃德蒙顿飞往伊努维克时，从大草原的乡村风光画风一转，变成了针叶林和湖泊的世界。如果走陆路，会走一条称为邓普斯特高速公路（Dempster Highway）的砂石路（图 1-29）。被大自然所包围的"极北越野"是许多车友的梦想，然而，这需要相当的觉悟，过程将浑身泥泞，

图 1-29　邓普斯特高速公路的砂石路（加拿大，伊努维克）

且必须在没有加油站的情况下行驶数百千米。在约 200 平方千米的面积里，仅有一名研究员、一头灰熊（棕熊的一种）、无数的蚊子……让我不禁觉得："难道熊不孤单吗？"就在这样的环境下，我面对孤独，展开了调查。

针叶林（泰加林[①]）遍布整个遥远的北方，这是在寒温带森林和苔原之间的极寒地区所建立起的森林。那里就是森林的边界地带，因此有许多树木林立其中。当说到天然森林时，往往会想到热带雨林和山毛榉林，它们具有丰富的多样性；但在加拿大针叶林的低地里，只有黑云杉一种针叶树占主导地位。这些 3—7 米高的树木不像日本的柳杉人工森林那样井然有序，而是东倒西歪，七横八竖，就像喝醉了酒一样。

这些树木"醉酒"的原因，就在于永冻土。

冰河时期，加拿大的大陆性气候少雨，曾经有一段时期土地没有被冰川覆盖。失去了冰川这条"毛毯"的覆盖，暴露在严寒之下的大地表面开始结冰，因此在加拿大北部和西伯利亚地区形成了大面积的永冻土（图 1-30）。在加拿大伊努维克，冰河时期的酷寒在地面结冰深度达 200 米。尽管在夏季时土壤表面可能会融化，但深层土壤仍处于冻结状态。

在日本，温度降至零下 10 摄氏度左右，就已算是极寒，感到全身冻僵。但在极北地区，冬季气温可低至零下 40 摄氏度，这可谓是"连土壤都冻僵的寒冷"。日本的永冻土仅限于富士山、大雪山、立山靠近山顶附近的一小片地区；但放眼世界，永冻土占陆地面积的 25%，广泛分布在北极周围的土地。

---

① Taiga，源自俄文，原指西伯利亚地区的针叶林，广义延伸到欧亚大陆及北美洲的北方针叶林。

图 1-30 　永冻土。地衣和苔藓的遗骸堆积，形成土丘（加拿大，伊努维克）

歪斜的黑云杉

尽管是永冻土，表层土壤在夏季的短短数个月中还是会融化。只不过，在 30 厘米的雪糕状土壤之下，仍是冰冻三尺、绵延不尽的冻土层。融化的水无法渗透到冻土层中，因此地表的土壤会变得泥泞不堪。像北欧一样，针叶树下形成的是灰化土，但实际上此处的土壤却与稻田的泥土更相似。这令我相当惊讶，不远千里从日本过来挖出的土壤，竟然就像身边常见的稻田土。

夏季变成沼泽状的土壤，随着冬季的到来又恢复为永冻土。这时，土壤从地表开始结冰。未冻土在表面冻土和下方冻土表面之间受到挤压，产生向上推挤的力。此外，当水结冰时体积会增加，土壤的体积也随之增加，这也会导致地面凹凸不平。

此外，当黑云杉生长在隆起的土丘旁边时，该区域会变得干燥。凹凸不平的地面造成水分的分布不均，在稍高且干燥的地方就长出了地衣，凹陷的地方则长出泥炭藓。地衣残骸最大的特色就是难以分解。我曾经在一地观察地衣残骸腐烂等了 2 年，但最终只有不到 10％被分解。这就造成，地衣生长的高处会堆积更多的遗骸，土丘也随之慢慢变得更加立体。

地衣和苔藓生长缓慢。在数百年的期间，土丘逐渐形成，黑云杉的住所就变得倾斜。这就是"醉汉森林"背后的机制。云杉树的倾斜过程会记录在其年轮的扭曲之中。于是，无法置身事外的黑云杉在徘徊摆荡的同时，生长的历程也随波逐流逐渐被凝结下来，铭刻在年轮上。

永冻土上的炽热战役

黑云杉树只有几米高，但这并不是因为它们还年轻。在遥远的北方，树木生长极为缓慢。200 年树龄的树木直径仅 6 厘米，高 7 米。据计算，直径每年仅增加 0.3 毫米，这样要逐一测量年轮并不容易。200 岁时，每 1 毫米以内的年轮就多达 10 个。我特别配了一副新眼镜来解读这些树木年轮，但结果挫折到我只能转向求助于高倍显微镜。当我在解读这些年轮的时候，弄到连做梦都能看到年轮在不停地旋转。

将黑云杉与生长快速的柳杉进行比较（图 1-31），尽管这两者都是针叶树，但生长速度却截然不同，柳杉在 150 岁的时候直

图 1-31　200 年树龄的黑云杉（上图，直径约 6 厘米）和 150 年树龄的柳杉
（下图，直径约 1.5 米）的年轮

径可达 1.5 米，高度可达 50 米，直径每年可增长 1 厘米。这就是日本之所以选择柳杉作为人工种植林的原因。在极北地区的黑云杉尽管生长缓慢，却已成为北美针叶林中的优势树种，这主要是因为在如此恶劣的环境条件下，几乎没有其他竞争对手。

不过，即使是黑云杉也还有一种硕果仅存的对手，就是与之形成鲜明对比的白云杉。可以说，白云杉就像是一个有教养的优等生。白云杉生长在马更些河①（Mackenzie River）融雪时洪水沉积出来的温暖沙丘上。白云杉树在排水良好的沙丘中生长苗壮，高度可达 15 米左右。沙子中有限的养分被充分地回收利用，形成了"自行车作业"式的物质循环模式。

从体形来看，黑云杉似乎没有胜算。然而，作为优等生的白云杉有一个弱点，就是不擅长面对危机。在加拿大伊努维克，每年的降雨量只有 230 毫米，这是日本年降水量的七分之一，是日本在台风造访的日子，1 天之内就能达到的量。雪上加霜的是，伊努维克有一半的降水是在冬季以下雪的形式出现。因此，夏季的干燥就导致火灾频繁发生。白云杉的球果更早结果，也就更加易燃。相较之下，较晚结果的黑云杉球果种子可以保留三年左右，火的热量反而会使其破壳并发芽。因此，黑云杉即使遭逢火灾也能立即再生，更适应火灾环境。

火灾发生后，地衣和苔藓会再次堆积并起到隔热作用，因此即使在夏天，土壤的融化深度也只会到 30 厘米。为了避开这种寒冷、潮湿的土壤，黑云杉的根不是笔直向下生长，而是横向浅入扭曲的。这也是它们像醉汉一样东倒西歪的原因之一。

---

① 是北美洲仅次于密西西比河的第二大水系，总长约 4241 千米，为加拿大境内最长河。

含有养分的有机物和矿物质留在永冻土中，但由于它们被冻结，分解和风化很慢，所以即使含有养分也无用武之地。如果我们将土壤中的养分比作金钱，那么此处就是名副其实的"资产冻结"。无法承受寒冷和营养限制的其他物种随之消失，只剩能够耐受恶劣环境的黑云杉独霸一方。

那么，黑云杉为何能从冰冷的土壤中获取养分和水分呢？

植物通常只能吸收无机养分。这就是李比希①的无机营养学说。以氮来说，植物仅吸收无机氮，如铵离子（NH_4^+）和硝酸根离子（NO_3^-）。然而，无机状态的氮很少，土壤中大部分的氮都是有机氮，如蛋白质、氨基酸等。特别是在永冻土中，氨基酸分解成铵离子的速度很慢，植物能吸收的无机氮就更少了。植物没有氮就无法进行光合作用，因此这事关重大。

黑云杉实在等不及铵离子的供给，就开始直接吸收氨基酸，违反了李比希的无机营养学说。这是因为黑云杉的细根与菌根真菌共生，不仅能吸收铵离子，还能吸收丰富的氨基酸。这使得黑云杉能够在寒冷、营养贫瘠的土壤中生存。黑云杉可能看起来摇摇欲坠，但它适应了加拿大北部的永冻土，坚强且坚定地生活于此。

---

① 尤斯图斯·冯·李比希男爵（Justus Freiherr von Liebig，1803—1873），德国化学家，创立有机化学，并在农业与生物化学领域有重要贡献。

水源充足的森林乐园

日本列岛的诞生

在本章的最后，我想探讨自己所居住的日本列岛，有关其自然史和土壤的诞生历史。

日本是一个森林之国，那里有山林层峦叠翠。若考虑到同样位于中纬度的地区有许多沙漠和旱地，日本人习以为常的风景实在是一个奇迹。

日本列岛位于太平洋板块、欧亚板块、北美板块和菲律宾海板块这四个板块相互碰撞的区域。由于板块在其他板块之下暗流涌动，在日本列岛这座小岛上形成了 3000 米级别的山脉。距今2000 万年前，日本列岛与欧亚大陆分离，在两者之间形成了日本海。当冰河时期结束，海平面上升，对马海流①随之流入日本海。暖流和山脉将日本列岛变成了水源充足的森林乐园，这也注定了日本的土壤变成酸性。

飘落堆积的火山灰

对日本土壤影响较大的另一个要素是火山，这里总有某处正在发生火山活动，温泉也很多。我想日本大概是唯一一个会用"火

---

① 为黑潮通过对马海峡进入日本海的一个支流。黑潮为太平洋洋流的一环，始于菲律宾，穿过中国台湾地区东部后沿日本向东北方流动，将来自热带的温暖海水带入北极海域。

山灰"作为偶像个人出道曲目的名称（柏木由纪[①]）的国家。北海道和鹿儿岛种植的马铃薯所附着的土壤，大部分也来自火山灰。

回顾过去数万年，火山灰不仅飘落在樱岛[②]上，日本全国各地都曾被火山灰覆盖。在关东地区，火山灰从富士山和箱根山落下。1 万年前，绳文人[③]所居住的地表比现在还要低约 1 米。换句话说，此处的土壤以每 100 年 1 厘米的速率沉积。正所谓积沙成塔，火山灰也累积成了土壤。

想了解 3 万年前的日本，并不需要时光机或飞机。只需掘地 3 米，就能发现当时的地表，轻而易举地就能追溯过去。而在此记录着，光是过去 3 万年来就曾发生两次大规模火山爆发。

第一次的爆发，在关东平原上堆积厚度约为 10 厘米的火山灰。火山灰层向日本西部方向变厚，在琵琶湖底部可达到数十厘米。这些火山灰的来源是 2.9 万年前的始良火山（鹿儿岛县）大爆发。九州岛南部的白洲高原，就是这次爆发所喷出的火山碎屑流沉积而成。始良火山的火山灰厚达数十米，甚至蔓延至关东平原。

这个火山灰层被称为始良—丹泽火山灰，在历史上也非常重要。1946 年，当时年轻的纳豆商贩相泽忠宏，在始良—丹泽火山灰层下的红土（关东壤土层）中发现了黑曜石的打制石器。这就是群马县岩宿遗址，日本考古学上著名的"岩宿发现"。由于日本的土壤呈酸性，当时的人骨化石所剩无几，这是因为骨头（磷

---

① 日本女子偶像团体 AKB48 成员，鹿儿岛出身，2007 年以团体名义出道，该曲为 2015 年以个人名义出道的曲目之一。

② 位于日本九州鹿儿岛湾中持续活动的火山岛，距鹿儿岛市区仅 8 千米的距离。

③ 新石器时代居住于日本从北海道至冲绳的史前人类，距今约 16000—3000 年前，与后期农耕为主的弥生人文化有区别。

酸钙）会被酸溶解之故。然而，在从鹿儿岛姶良落下的 2.9 万年前的火山灰层下发现了石器，清楚地证明了 3 万年前的冰河时期，日本也存在着旧石器时代。代表早在绳文时代之前，日本就有原始人存在并追猎猛犸象。

时光荏苒，火山灰飘落并堆积起来。姶良火山喷发的 2 万年后，在绳文人居住的地表残留下 1 米深的地层（图 1-32）。这些黑色土壤中记载了冰河时期结束的绳文时代，山毛榉和栗树林扩张，包括人类在内的生物活动增加。然而就在此时，又发生了一次大爆发，这次是位于鹿儿岛市以南 100 千米处的一座海底火山（鬼界破火山口）。火山灰仍旧一路飞到了关东地区，飘落并堆积。

图 1-32 岩宿遗址的地层（岩宿博物馆供图）

靠近火山的屋久岛当时究竟如何？屋久岛上最古老的杉树被称为绳文杉，因此恰如其名，可能也留有绳文时代的记录。而这段历史，必然就记录在地下。

屋久岛是一座花岗岩岛屿。当花岗岩风化时，它会变成坚韧的沙质土壤，可以作为园艺用的真砂土。然而，绳文杉附近的土壤不管怎么挖都很轻，且整个土壤呈蓬松状态，其下则挖出许多的木炭和浮岩[①]。此处足足有 3 米深的土壤全部是火山喷发物。距今 7300 年前，海底火山爆发引发的火山碎屑流横渡海洋，几乎吞噬了整个屋久岛。木炭是当时植物燃烧的余烬。在那之上，堆积了同时喷发而出的一层厚厚的火山灰，称为火山赤土层（Akahoya）。绳文杉据传有数万年的树龄，但在 7300 年前曾一度被火山碎屑流摧毁。仅有少数幸存的植株和被掩埋的种子开始复苏，成为今日生物多样性丰富的世界遗产之一。

接下来关注日本北方。在活火山和牛一样多的北海道，生态系统的兴衰在短时间内被记录下来。植物在火山灰上生长，植物的残骸则以黑色腐殖土的形式沉积下来。火山灰再次堆积其上，破坏了生态系统。在其上，植被卷土重来，腐殖土继续沉积。在过去的 1 万年里，大规模的火山活动和植被恢复已经发生了 7 次以上，导致形成了类似多层巧克力蛋糕的土壤（图 1-33）。日本没有一个地方不受火山灰的影响，活跃的火山活动创造了独特的土壤，称为“灰烬土”。

而日本森林地带的土壤主要就是棕土和漆黑的火山灰土（图 1-34）。

---

① 一种多孔的火山碎屑岩，由于气孔占比高，所以比重小，放到水中也能漂浮而得名。

图 1-33 有大量火山灰沉积的土壤（日本，北海道）

图 1-34 山毛榉树林的土壤。脚边的落叶层深度足有 60 厘米（日本，京都府）

在酸性环境也安然无恙的山毛榉和柳杉

当我向海外研究人员展示日本森林的土壤（图 1-34），介绍说"这是日本的土壤"时，他们对这种黑色土壤（灰烬土）的反应尤其强烈。德国人愤愤不平地说："Not a soil！（这不算土壤！）"法国人则感动地惊呼："Très Bien！（太棒了！）"瞧，就是如此珍稀罕见的土壤。

日本这种黑色土壤的形成是在冰河时期之后，随着气候变暖，植物生产也更加活跃。因此，覆盖在日本列岛的大部分土壤，其年龄都不到 1 万年。这和在美国发现的具有 1000 万年历史的土壤（图 1-15）来说，要显得年轻许多。

火山灰的种类很多，但大多数呈碱性，含有大量的铁、铝、镁，很难变成酸性。新鲜的火山灰也富含磷、钙等营养成分。日本是马可·波罗曾在其《马可·波罗游记》中介绍为"黄金之国"[1]的远东岛国，这里的地下资源并不多，但却雨量充沛、土壤养分丰富，无疑是生态学上的奇迹之岛。

火山灰提供肥沃的土壤。当查尔斯·达尔文搭乘小猎犬号航行访问智利西部（智利和日本一样，也有许多火山）时，他记录道："来自火山灰的肥沃土壤孕育了茂密的森林。"

然而，故事并没有那么简单。火山灰土壤其实并不是适合种植作物的肥沃土壤。火山灰形成的灰烬土虽然不易变成酸性，但一旦变成酸性，要中和也更加困难。这就是为什么童话作家宫泽贤治会决定致力于改善灰烬土的酸度。此外，火山灰产生的黏土

---

[1] 推测为马可·波罗记录到近代汉语或吴语发音的"日本"或"日本国"而来，类似的发音仍保留于今日的上海话及许多东南亚沿海地区的语言或方言中。如现代日本的英文名 Japan 就为葡萄牙人于东南亚贸易时根据当地人发音传回欧洲而来。

（水铝英石）会吸附磷，使磷更难以供给到农作物上。

　　每当我尝试在灰烬土中种植农作物时，酸性和缺乏磷都会成为大问题。这与大草原（如加拿大）或黑土带（如乌克兰）绵延无尽的黑土形成鲜明对比，这些黑土富含钙质，成为世界的粮仓（图 1-35）。如果一个在灰烬土耕作的农民说"我们的土壤明明就很好"，那其实都是多年辛劳和化学肥料的成果。

　　但反观树木，酸性土壤和磷吸附的状况都不成问题。甚至，新鲜的火山灰对它们来说是带来新营养的莫大恩惠。火山灰原本就富含磷矿物质，虽然不能被农作物利用，但树木可以透过释放

图 1-35　土中皇帝——黑土（哈萨克斯坦）

有机酸来溶解和吸收其中的磷矿物质。

　　即使土壤的酸性对于农作物来说太酸，但对山毛榉和柳杉等天然树木来说却是司空见惯。就像我们人类一样，经过大自然（山毛榉和柳杉）洗礼的孩子比被温室宠坏的熊孩子（农作物）来说，在严酷的社会中会具有更好的适应能力。

　　在积雪较多的日本海沿岸地区，来自日本内地的风蚀尘（黄沙）也随着积雪一起堆积（图 1-36）。这是因为此处的雪花是以

图 1-36　黄沙染雪。雪壁上可见含有大量黄沙的黑色条纹（日本，富山县）

黄沙的尘埃为核心形成的。

日本海一侧的土壤是由黄沙构成的，容易变成酸性。经过数百万年的演化，在那里诞生和生长的山毛榉和柳杉已经发展出了适应酸性土壤的能力。更准确地说，树木的策略就是主动让土壤酸性化以获得养分。

从山毛榉森林的状况来看，在太平洋一侧的火山灰较多，要和其他树种竞争（栎树）而显得穷途末路；但在日本海一侧和美国五大湖的东边，由于积雪较多，土壤偏酸性，就产生了一片美丽的纯山毛榉树林。对山毛榉来说，酸性环境几乎没有竞争对手，可谓是求之不得。

有一种生物就着眼于树木的这种功能。这种生物就是由于养分供应能力低且土壤呈酸性，长年苦心于种植农作物的人类。他们要让树木吸收养分，并处心积虑将其作为肥料。这种方法就是所谓的刀耕火种，充分利用山野的资源（例如收集山上的落叶和草，放到田里当肥料）。在日本这个南北狭长、自然环境丰富的岛国，火山灰、雨（雪）和人类活动等要素形成了独特的土壤和生态系统。

我们简单回顾了过去 5 亿年的历程，从中我们可以看到，土壤所历经的道路并不平坦。在酸性和养分缺乏等挑战下，土壤有时也会展现严峻的面孔，植物也在其上反复地适应及竞争。透过植物与土壤之间的相互作用，从 5 亿年前至今，森林和土壤的姿态被形塑出来。

不仅仅是植物，从微生物到恐龙，生物之间的动态关系一直在推动全球范围的气候变迁和物质循环。在下一章中，我们将一窥其运作模式。

第二章

土壤孕育的动物们：
从微生物到恐龙

收集养分的生物们

土壤为生命之源

　　植物和土壤在相互影响的同时，一点一点地发生变化。结果，松树产生灰化土，灰化土又孕育出松树和松茸等蕈菇；热带雨林产生强风化的红黄色土壤，而强风化的红黄色土壤又支撑着热带雨林中的龙脑香科植物和各种水果。目前为止，我们关注的都是植物和土壤在整个生态系统规模下的养分循环，但对于个别的生物体又是如何响应土壤的变化并生存的呢？有句话说得不错："土壤是生命之源。"但土壤的舒适度会根据其是否呈酸性而有所不同。

　　如果我们从物质的运动来解释生命，那么生命的本源就是能量来源和自我复制的能力。而支持此机制的元素就是碳、氮和磷。氮和磷构成基因和储存能量的物质（ATP[①]），骨骼也是由磷酸钙构成的。碳的来源是空气中的二氧化碳，而土壤则是氮和磷的重要来源。如果追根溯源，植物、昆虫、人类的养分都来自土壤。

　　然而，许多土壤中没有多余的氮或磷，因为这些成分会被雨水冲走。因此要从土壤中吸收氮、磷绝非易事。酸性或营养贫瘠的土壤限制了植物可吸收的养分，而如此的养分枯竭也会对其他生物产生连锁反应。如果没有获取营养的策略，生物就

---

① 三磷酸腺苷（adenosine triphosphate）的缩写，是生物化学中的一种核苷酸，作为细胞内能量传递的"能量货币"，储存和传递化学能。

无法生存下来。生物在演化的道路上，为了争夺土壤中的养分而互相斗智斗勇。

猪笼草的战略

食虫植物猪笼草的生存策略，诉说着土壤养分对生命的重要性（图 2-1）。猪笼草在热带雨林中特别普遍，它们存在于营养极其贫乏的酸性土壤以及缺乏磷的蛇纹岩（一种超基性岩石，富含铁和镁，但磷含量低）的土壤中。在土壤没有大量养分的环境中，猪笼草制定了一套战略，通过捕获、消化和吸收昆虫来弥补养分欠缺。

图 2-1 猪笼草（印度尼西亚）

　　猪笼草的捕食器看起来像人类的胃，实际上它也起到溶解蛋白质（肉和昆虫）的作用。这种"胃"会分泌酵素（蛋白酶）来分解蛋白质，并溶解昆虫。在强酸性条件下（pH2—3），酵素的活性会增加。当猎物进入消化液时，为了促进酵素的分解速率，释放氢离子（H^+）的泵会被激活，将消化液化为酸性环境，就如同人类的胃酸。

　　也许是我多想吧，但总觉得食虫植物的捕食器在形貌设计上有太多浪费的地方。实际上，捕食器的生产成本也很高（需要透过光合作用产生大量有机物），因此根本毫无竞争力。在阳光和营养丰富的土壤中，它们无法与其他植物竞争；但到了营养匮乏的环境中，不计成本的捕食反而成为一种有效的生存策略。这是因为获得的养分可以大大提升光合作用能力。这正是弱者异军突起的战略。

　　与不能移动的植物不同，昆虫无论有无氮或磷都能自由移动。从猪笼草的角度来看，这些昆虫的身体就是大量的蛋白质（氮）和磷，自然比营养成分低的土壤更有吸引力。

　　一旦昆虫被水果的甜味吸引成为囊中物，酸性液体就会溶解该生物。为了证实这一点，我将 pH 计（测量装置）插入猪笼草袋中的消化液，读数为 6.8，出乎意料居然是中性。我以为是 pH 计坏了，花了 6 个小时下山到最近的城镇，确认它没有坏后，再度花了 6 个小时爬上山。当我测量消化液的 pH 值时，果然还是 6.8。更奇怪的是，囊中还可见到孑孓（蚊子幼虫）正在悠游。

　　"这和说好的不同啊！"

　　虽然想这样大声吐槽，但事实并非如此。猪笼草也是有多种多样的，有些使用酸性消化液来分解昆虫；有些则不使消化液呈酸性，而是依靠昆虫或共生细菌来分解。共生生物（例如孑孓）

会吃掉猎物并排出粪便和尿液，猪笼草就吸收这些。运用这种独特的战略在营养贫乏的土壤中脱颖而出。

白蚁和人类的无仁义之战

从土壤中提取养分的角度来说，我们人类也不例外。排除水分，人体有 50%—70% 是由蛋白质组成。人体比昆虫含有更高浓度的氮和磷。为了制造肌肉等蛋白质，我们需要摄取氮作为原料，而"农业"和"烹饪"就是人类为获取土壤养分而规划的战略。

在我调研的泰国农村里，人类和白蚁之间为了土壤的养分而进行斗争。在稻米收割结束后的旱季，村里的男人就会离开田地到曼谷工作。在这些休耕的田地里，有种生物会孜孜矻矻地清洁植物残骸，它们就是白蚁。在闲散田地中，白蚁将落叶带回到森林的巢穴中（白蚁丘）。

清洁听起来不错，但对农民来说却是肥料的小偷。这些植物残骸应该为第二年种植的玉米提供重要的养分。听着确实很无奈，但人类也还没有被击败。当地农民会摧毁废弃的白蚁丘，并将其撒在农田上。白蚁的巢（白蚁丘）含有大量的氮和磷，可以成为肥料并促进作物生长。不只如此，白蚁的遗骸还能拿来喂鸡，是珍贵的蛋白质。在泰国这个微笑之国，正为了养分而展开一场无仁义之战。

获取营养的战略不仅存在于大洋彼岸的乡村，也存在于我们日常周围的厨房中。"烹饪"或"细嚼慢咽"的行为会增加食物的表面积，使其更容易消化，从而更加速酵素的反应，是促进有机物分解、更容易取得养分的策略之一。为了有效地获取营养，味噌汤、海带汤、西红柿汤就是达成策略的手段之一，这些汤品都富含氨基酸（氮）。尽管我们常常没有意识到这一点，但我们人类也是拼命在获得营养。

猪笼草所针对的昆虫和人类所针对的白蚁丘，究其根本，都可以追溯到从土壤中获取养分并浓缩氮（蛋白质）和磷。然而，容易摄取的氮和磷在土壤中仅以非常低的浓度存在。那么生物要如何从土壤中收集养分呢？事实上，昆虫和人类都是由微生物支撑的，因此要试着从其中窥探这一切的奥秘。

微生物蕴含的酵素之力

适应养分贫乏贫瘠的酸性土壤的植物，要在营养有限的条件下竞争光合作用的能力。这是一种以最少的资本获取最大利润的经济活动。即使是进行光合作用使命的绿叶，其中的养分在掉落之前也会被树枝和树干回收（我们秋天所赏的红叶，就是这个过程中发生的叶子颜色变化）。土壤中的微生物会分解棕色的落叶（枯叶），这些落叶对植物来说虽然是"工业废弃物"，但对微生物而言是必须收集的养分。

虽然通称为落叶，但其内容物是由大约 10％ 美味成分和90％ 难以下咽成分所组成。难吃的 90％ 是纤维素（多糖）和木质素（木质成分），这些成分都不溶于水，因此无法直接食用。尽管微生物和人类的细胞数量不同，但细胞层级上的原理是相同的。因此食物除非溶解在水中，否则无法被吸收或消化。

正如在第一章有稍微提到的，微生物的超能力是"酵素"。酵素可作为催化剂，降低分解作用的难度。微生物可以透过释放一种称为"纤维素酶"的分解酵素，将纤维素分解成葡萄糖，并将其作为能量来源。

我们人类几乎没有纤维素酶，所以能够消化的仅有米饭等食物中的淀粉（与纤维素相同的多糖，但具有不同的化学结构）。

即使是自诩"只要加了沙拉酱，什么都能吃下肚"的食欲旺盛中学生，也无法消化落叶和纸张。更令人震惊的是，大部分蔬菜的主要成分都是我们无法消化的纤维素。许多微生物冷眼笑看人类的无奈，并津津有味地溶解纤维素。粗略地说，微生物（细菌、原生动物、霉菌、蕈菇类等）是唯一可以宣称"能够利用自身酵素消化有机物"的生物。

纤维素是纸张和棉花的成分。将纸埋在土壤中，就可以感受到微生物的作用。我将同样的纸张埋在印度尼西亚的热带土壤和加拿大的永冻土中，观察微生物如何分解它。结果，热带雨林长出了鲜红色的霉菌，3个月内纸张的大部分就瓦解了（图2-2）。

微生物和酵素的活性在潮湿和温暖的环境中会增强，使有机物分解得更快。食物在夏天容易发霉也是因为相同的机制。

图2-2　在印度尼西亚热带雨林中埋下的
纤维素纸张（3个月后）。赤霉菌增生

而埋在加拿大北部靠近北极圈的永冻土层中的纸张并没有被分解，即使经过 1 年后才挖出，它依然是洁白的纸张（图 2-3）。在冰箱等寒冷环境中，微生物活性会降低。这就是为什么被包进厚厚的泥炭土和永冻土中的有机物（包括猛犸象）不会被分解的原因。微生物和酶素的作用决定了落叶的分解速度，每个生态系统都以自己的速度推动养分循环。微生物和其酶素是无名英雄。

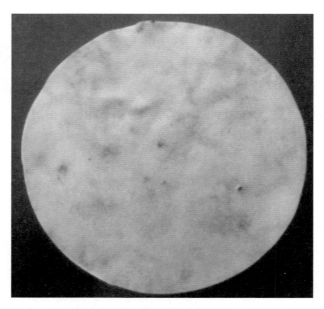

图 2-3　在永冻土中埋下的纤维素纸张（1 年后）。几乎没有被分解

土壤微生物的烦恼

前面的解说可能会让人觉得微生物可以自由自在地透过酶素来分解有机物，但事实并非如此。想想当你穿过森林时，踩在沙沙作响的落叶上。秋天落下的枯叶，经过寒冷的冬季、爽朗的春季、

炎热潮湿的夏季后，会逐渐分解，但仍需数年时间才能完全消失。但在这之前，新的枯叶又开始飘落。都已经有酵素作为武器，为什么还需要这么长的时间才能分解？

土壤微生物（大概）会有两大烦恼，即"养分欠缺"和"酸性"。

第一个烦恼是因为微生物能够产生的酵素的量是有限的。

由于酵素是蛋白质，因此它们需要碳和氮作为材料。换句话说，如果没有足够的碳和氮，微生物就无法产生酵素。落叶中含有碳和氮，但它们都是不易于摄取的形式。霉菌和蕈菇不仅将菌丝体散布在落叶上，还散布在土壤上，借此收集氮并产生酵素来分解落叶（图2-4）。从这个过程中获得的碳和氮被储存在体内，并用于新陈代谢、生长以及产生酵素。

其次的烦恼则是"酸性"。

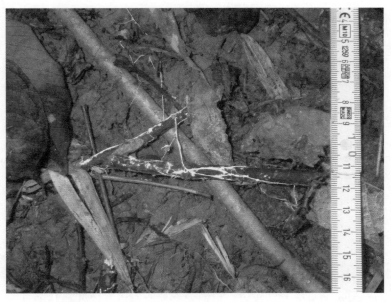

图2-4 热带雨林落叶层中可看到的菌丝体（白色的部分）。借此补充氮和磷

酸性土壤的钙等成分含量较低。只能吸收到少量钙的植物，会节约分配到每片叶子的钙量。因此，落叶中的钙等中和成分也较少。此外，遭受雨水洗礼的落叶，也会损失更多的钙。

然后，落叶中的微生物产生越来越多的酸性物质（有机酸、碳酸和硝酸）。落叶中不再有足够的钙来中和它。无法被中和的酸性物质会被雨水携带并渗入土壤，使土壤变得更酸性。古老的落叶（腐殖层）与底下的酸性土壤混合，使其酸性更强。

在第一章中，我们介绍了与酸性作斗争的植物，但微生物也必须与酸性作斗争。酸性条件甚至会危及微生物的生存。

微生物为了吸收酵素溶解的养分而吸收水，但在酸性条件下会让氢离子也一并进入体内。这就像一艘破洞的船，如果不及时治疗，细胞内的组织将会受损。因此必须使用细胞膜上的外排泵将氢离子排出。

猪笼草的胃也是如此，但要运作排出氢离子的泵（一种称为质子泵的转运装置），就需要耗费能量。能量通常是要用于繁殖和生产酵素这些维持生命的重要功能，因此这对微生物来说是一个很大的损失，但也只能拆东墙补西墙。

森林土壤养分低且呈酸性，这让微生物始终处于死亡边缘。结果导致只有一层薄薄的细胞膜包围着单一胞室的单细胞细菌变得越来越稀有；而霉菌和蕈菇等对压力有相当抵抗力的多细胞生物，得以靠某种方式幸存下来。霉菌和蕈菇会在几个月内缓慢地发生世代交替，并花上几年吃掉落叶。透过如履薄冰的勤俭生活，保有更多的食物储备（落叶层）。

也有些地方不存在养分和酸性的限制这两个问题，就是田里的土壤。在这里，快速生长的细菌和真菌（例如镰孢菌，*Fusarium*）发挥主导作用，它们会吃掉所有落叶，并在几个月内死亡。如果我们把田里的细菌称为"蚱蜢"型，那么森林里的霉菌和蕈菇就可以看作是计划周延的"蚂蚁"型。

由于霉菌和蕈菇抵抗酸性和营养缺乏这两者压力的作用，森林中的落叶被逐渐分解，并缓慢但持续地为植物提供养分。这对植物来说是一个理想的发展。考虑到土壤和气候条件，森林植物和微生物之间存在着一种围绕养分和酸性的机制，两者在相互作用中取得平衡。

白蚁栽种蕈菇之谜

微生物真是太神奇了！虽然这个话题我已经强调许多次了，接下来的内容其实也还是要靠微生物。无论多大的动物，都依赖微生物酶素来获取能量和营养。此机制则受酸性控制。

作为"发展农业的生物"而广为人知的，是会种植蕈菇的蚂蚁。虽说是蚂蚁，但在美洲大陆耕种的是切叶蚁；而在东南亚的则是蕈菇白蚁。这看起来似乎没有太大差别，但其实蚂蚁是蜜蜂的近亲，而白蚁则与蟑螂有亲缘关系。

切叶蚁和蕈菇白蚁的分布地区完全不同，经过各自的演化，它们发展出了类似的蕈菇栽培的策略。切叶蚁在 5000 万年前出现在美洲大陆，分布于中美洲和南美洲；而蕈菇白蚁则在 3000 万年前出现在非洲大陆，广泛分布于从非洲到东南亚的地区。远早于 1 万年前才开始"农业"耕种的人类，且至今都还欣欣向荣。考虑到许多古代文明在不到 2000 年内就崩坏了，这些生物的智慧似乎可以作为借镜。

"蚂蚁先生的农场"听起来很亲切，但为什么白蚁不直接吃落叶，而要栽种蕈菇来吃呢？这个看似简单的问题，其实难倒了许多专家。究竟为何要把叶子转变成蕈菇呢？

　　首先，为什么不直接吃落叶？这是因为切叶蚁和蕈菇白蚁都没有分解纤维素的酵素（纤维素酶）。日常以树叶为食的蚂蚁缺乏这种酵素，这就像打网球时忘记带球拍一样致命。由于不能直接消化叶子，它们决定食用含有纤维素酶的蘑菇。当其他种类的蚂蚁还在寻找甜美的花蜜时，它们已经发展出了独特的生存策略。

　　那为什么明明不能吃叶子（纤维素），却可以吃蕈菇呢？蕈菇真的有那么美味吗？这就衍伸了更多问题。蕈菇的主要成分是肽聚糖和几丁质，这些都是出了名难分解的蛋白质，包括我们人类也几乎无法分解蕈菇。最佳的证明就是，在吃完一大堆菇类的火锅隔天，几乎所有的菇都会原封不动地被排出。当然，当你直接从锅里吃下蕈菇时，会尝到鲜味，但那是因为氨基酸的成分。大多数的纤维则完好无损地通过肠道，这就是为什么说它可以"清肠"。那蚂蚁们是如何面对这个问题的呢？

　　如果挖到地表下 30 厘米处，就会发现一个直径 10 厘米的空洞，里面有白蚁混合土壤和有机物精心建造的巢穴（白蚁丘）。工蚁会在那里咀嚼叶子并排出粪便，蚁后则将粪便接种给一种称为蚁巢伞（*Termitomyces*）[①]的蕈菇。白蚁丘充满小房间，但里面只种植一类蕈菇。这与其说是花园，更该称为"真菌园"。或许不够浪漫，但对于蚂蚁来说，美味的菌丝体远胜华而不实的花朵。

　　最大的差别在于，我们吃的是蕈菇的子实体（菌盖和菌柄），而蚂蚁则是吃膨胀的菌丝体团块或吸食菌丝体的汁液。当观察白蚁巢穴内部时，就会发现到处都是白色的团子状的物体（营养体）（图 2-5）。

　　它含有超过 10％ 的氮，对白蚁来说是富含蛋白质的食物。此

———————

① 又名鸡枞菌，可食用，为山产中的珍味。

图 2-5 蚁巢伞菌丝体的营养体（上图）和白蚁（兵蚁和工蚁）（下图）

外，它们还会夺取蕈菇释放来分解叶子的酵素，通过吞下这些酵素，白蚁也能消化肠道中的纤维素。

白蚁勤奋地咀嚼落叶并排便，然后将粪便提供给蕈菇。如果白蚁带来特定的落叶，蕈菇也会提供相应的美味营养体和汁液。可以说，蕈菇（蚁巢伞）控制着白蚁的行为。为了防止其他蕈菇和细菌（用农业来模拟的话就是杂草）进入这片真菌园，蚂蚁会释放酸性物质（相当于农药）以保持真菌园呈酸性。当蚂蚁维持好酸性环境时，蕈菇会产生更多的营养体来回报。与其说是无条件的爱，不如说是一种斤斤计较得失、工于心计的共生关系。

肠内细菌的活跃

蚯蚓王子与肠内细菌

会以蕈菇为生的切叶蚁通常被视为生物中的异类，但实际上，大多数生物都没有纤维素酶。纤维素是植物细胞壁的主要成分，同时也是阻隔生物消化和吸收的"高墙"。大多数没有纤维素酶或是像蕈菇白蚁开设农场（真菌园）的"一穷二白"们，要如何获得能量来源和养分呢？就以土壤的分解者——蚯蚓为例吧。

正如达尔文所发现的那样，蚯蚓会将落叶与土壤混合来耕耘土壤（图 2-6）。但蚯蚓并非默默耕耘、不求收获，实际上它们是以落叶和微生物等有机物为食。这些留在土壤中的团粒结构，其实就是厨余和粪便。

有蚯蚓　　　　　　无蚯蚓

图 2-6　放了蚯蚓的土壤（左侧）和没放蚯蚓的土壤（右侧）。
即便重量相同，经过蚯蚓粪便耕耘过的土壤体积会变为 2 倍

一旦土壤和落叶进入蚯蚓的肠道，它们就会被肠道里的黏液覆盖并变得高度潮湿（图 2-7）。此外，即使吃的土壤是酸性的，它也会在蚯蚓的肠道中被中和。这些都创造了让土壤中的微生物可以繁衍生息的环境。肠道内的氧气虽然很少，但偏就有喜欢这种环境的诡异发酵细菌，它们会被激活并致力于消化有机物。热爱蚯蚓的研究人员将其比喻为睡美人（细菌）被王子（蚯蚓）黏糊糊的吻唤醒。蚯蚓没有"手"，但它们却会运用各种巧妙的手段来提升分解效率。

蚯蚓大部分的分解过程都依赖肠道细菌。肠道内的土壤被控制为中性，这对纤维素酶来说是最佳环境。纤维素在这里被分解，并产生葡萄糖。同时，肠道细菌通过发酵（在缺氧的情况下产生能量）将葡萄糖分解为有机酸（醋酸）。蚯蚓通过肠道吸收有机酸，并将其作为能量来源。

然而，当到达肛门时，大部分的黏液和水分已被回收，土壤恢复为酸性。被誉为"睡美人"的细菌，也从梦境被带回现实世界。比起美人（细菌），蚯蚓其实真正感兴趣的是能量。给细菌们一个舒适的环境（家），但作为交换，要求它们工作并收取真正盘

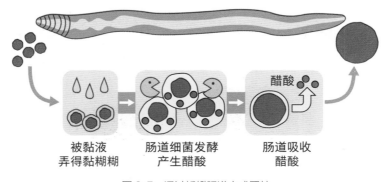

被黏液　　　　肠道细菌发酵　　　肠道吸收
弄得黏糊糊　　产生醋酸　　　　　醋酸

图 2-7　通过蚯蚓肠道变成团粒

算的养分（食物）。这种行为与其说是白马王子，其实更像现代
社会已经日趋少见的大男子主义。

不过，从到手的好处来看，始于接吻的"撩妹"其实成效并
不高，吃下的食物也只有百分之几能作为能量被吸收。因此，它
们只好四处"亲吻"，沦为耕耘土壤的劳动者，从而被人们珍视。
这其实不是蚯蚓的本意。

蚯蚓的案例和我们也大有关系。

事实上，我们人类也利用类似蚯蚓的机制来分解纤维素，并
用来产生能量。蚯蚓和人类的肠道细菌非常相似，有许多细菌在
缺氧条件下发酵。古希腊哲学家亚里士多德称蚯蚓为"大地的肠
子"。经过 2000 多年，现在已经可以从基因层面证明，蚯蚓的
肠道细菌和功能都与人类肠道相似。就在现在，蚯蚓仍在土壤中
进行"热吻"。

昆虫的肠道化学工厂

一些身边的昆虫具有比蚯蚓更发达的消化系统，例如孩子们
心中的英雄——独角仙。成虫经常在夏夜出现，在栗树或麻栎树
（分泌汁液的树洞）上寻找蜜汁。然而，多数人并不知道独角仙
在幼虫（鸡母虫）时期，大部分生涯都在土壤中度过。

鸡母虫的食物，正是腐叶土（正在腐烂的有机物）。如果说
热带雨林是白蚁的天堂，那么拥有厚厚落叶层的温带森林和热带
山地森林，就是独角仙的乐园。凉爽的气候限制了微生物和白蚁
的分解活动，使落叶更容易堆积。南美洲的赫克力士长戟大兜虫
（*Dynastes hercules*）等大型种类也分布在高山云雾林中。这些兜
虫家族都居住在厚厚的腐叶土之中。

在铺满腐叶土的虫笼里，从鸡母虫养育到成虫的勇者可能都

知道，无论放入多少腐叶土，鸡母虫都能吃得津津有味并消化。然而，鸡母虫也是依赖微生物来分解纤维素。它们是如何从落叶"厨余"的腐叶土中获取能量呢？

让我们看看兜虫的肠道内部。令人惊讶的是，鸡母虫肠道中部呈强碱性，pH 值为 12。说到强碱性，白马八方温泉（日本长野县）的 pH 值超过 11.5，被称为"美肌温泉"。兜虫吃掉含有钾的植物残骸，细胞的外排泵会将钾离子（K$^+$）释放到肠道中，形成碱性肠道（图 2-8）。

碱性泉（碱性的温泉水）会让你的皮肤变得光滑透亮，是因为皮肤中的皮脂和蛋白质会在碱性条件下溶解。同样，溶解木质素等芳香族化合物，会使纤维素更容易消化。因此，要将酸性土壤跨越中性，变成碱性。

再进一步，到了后段的肠道（即人体的大肠），肠道恢复到中性和低氧条件，为发酵细菌提供了舒适的环境。在这里，葡萄

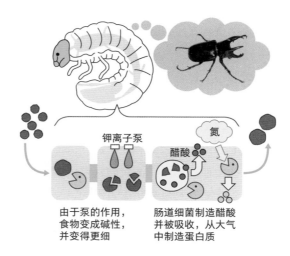

图 2-8 兜虫的幼虫和成虫（上侧）及幼虫肠道机制（下侧）

糖被转化为有机酸(醋酸)并被吸收，在此就能摄取到充足的能量。

然而，仅凭这些还不足以成为一只帅气的成虫。成虫最引以为傲的铠甲和戟角，是由一种称为几丁质的蛋白质制成，这需要大量的氮。因此，兜虫会连同腐叶土吃下富含氮的霉菌。同时，让可以将大气中的氮气转化为氨的共生微生物生活在肠道中，借此来合成蛋白质。土壤中的氮是有限的，但气体中的氮气是无限的。通过施展这种"炼金术"将空气转化为铠甲，让自己的身体变得更强大。兜虫对此可是铆足全力，因为在鸡母虫阶段获得的氮量会决定成年后铠甲的大小（它决定了是否受异性青睐）。

鸡母虫的蛰伏的时光很长，通过充分利用尖端化学和生物学的分解系统，为成年后首度亮相的夏天做好准备。

热带雨林清道夫——白蚁

热带雨林是白蚁和蟑螂的天堂。在家中的蟑螂令人生厌，白蚁更是木造建筑的大敌，但这是根源于它们"雨林清道夫"的天性——负责分解落叶和动物遗骸。全世界有超过 4500 种的蟑螂，但只有 12 种是家庭害虫；而在多达 2000 多种的白蚁中，也只有约 10％是害虫。

在白蚁家族的成员中，我们前面介绍了会栽培蕈菇的蕈菇白蚁，而其他也有可以自行消化纤维素的高等白蚁，以及依靠肠道微生物来消化纤维素的低等白蚁。

低等白蚁以树木为食，在它们的中性肠道内，不仅有细菌，还有原生动物（如鞭毛虫）一起共存。原生动物会将纤维素分解为葡萄糖，葡萄糖再进一步被细菌分解为有机酸（醋酸）、二氧化碳和氢气。更有趣的是，过量的氢气和二氧化碳通常会以甲烷（屁）的形式释放出来，但白蚁的肠道细菌会在这些成分转变为甲烷之前，就将其合成醋酸。白蚁肠道的发酵机制与人类发明的尖端生物乙醇生产技术（通过发酵甘蔗和木材来生产乙醇的技术）惊人的相似。

共生在肠道内的原生动物重量占白蚁体重的 30%（人体内的肠道细菌约重 1.5 千克）。即使要肩负如此重担，分解纤维素的好处是无法估量的。白蚁通过口传或粪便喂食，将肠道微生物从亲代传给子代。事实上，人们也发现蟑螂的肠道内有着相同类型的微生物。蟑螂和白蚁的共同祖先的根源非常古老，在地球上已经存在了至少 3 亿年。作为它们的主食的腐朽木材中含有的微生物开始在蟑螂的肠道中共存，并在演化之路上分化为白蚁和蟑螂。这个分歧发生在距今约 1.5 亿年前，当恐龙正繁盛的时代。

许多高等白蚁会以土壤（腐叶土）为食。即使土壤是酸性的，高等白蚁也可以通过使肠道呈碱性来中和土壤。像鸡母虫一样，它们已经演化到可以溶解腐叶土中的酚类物质和蛋白质。白蚁利用蛋白质的碱性和易溶性，开发了一种不必依赖微生物即可溶解土壤的技术。

人类发展出使用碱性液体从土壤中提取腐殖质的分析技术不过是在最近 100 年内的事；但令人惊讶的是，白蚁已经使用这种机制长达 5000 万年。而且不只兜虫和高等白蚁，蟑螂、锹形虫和球鼠妇也有同样的机制。森林的清道夫们发展出一套专门的消化系统，并借此从数亿年前繁荣发展至今。

吞噬森林的腕龙

话题似乎有点偏离土壤了，但动物也是依赖与微生物的共生关系来分解纤维素的。从肠道细菌的角度来看，人类的肠道就类似蚯蚓的；而植食动物的肠道则类似白蚁的肠道。这与对饮食（食谱）的决断能力有关。一旦开始决定只吃叶子，就必须从叶子获得所有的生存能量，而这就需要专门的消化系统。让我们以地球史上最大量级的植食性动物（恐龙）之一的腕龙为例。

在被子植物尚未广泛生长的 2 亿年前（侏罗纪时期），腕龙吃什么呢？

人们发现的一种"土壤"化石清楚地讲述了有关腕龙饮食生活的故事，就是粪化石。

对化石内容物的研究表明，腕龙会以松柏目的针叶树、银杏叶和蕨类植物为食。如果它的代谢系统类似于现代最大草食动物的非洲象，那么它每天必须吃下 200 千克的树叶（干重）才能维持其长 20 多米、重 70 吨的身体（图 2-9）。

让我们想象一下。在拥有 2 亿年历史的亚热带森林中，每公顷的树叶产量约为 6000 千克，这与日本西南部广袤的照叶林①的产量大致相同。如果按将所有的树叶都吃掉来计算的话，1 公顷的森林将在 1 个月内变得光秃秃的。换句话说，一只恐龙要生存，一年内就会吃掉 12 公顷的森林。这是难以想象规模的环境破坏（注：以爬行动物的新陈代谢速度，也许十分之一的 1.2 公顷就足够了②）。

腕龙骨骼经常在针叶树形成的煤炭中被发现。针叶树的有机物含有大量微生物不喜欢的多酚，因此即使在终结石炭纪的白腐真菌出现后，分解速度仍然缓慢。推测腕龙的主食是针叶树的南洋杉叶子，但现存的爬行类完全不吃针叶树的叶子。目前尚未发

---

① 亚热带湿润气候条件下的常绿阔叶林植被。

② 然而研究发现恐龙的代谢速率其实更接近哺乳类和鸟类这些高代谢的内温动物，而与现今爬行类的外温状态不同。

图 2-9　腕龙前肢的化石①。长约 6 米。于德国森根堡自然博物馆拍摄（作者摄影）

现远古松柏的树脂化石（琥珀），因此有些理论认为，当时的叶子可能比现在更鲜嫩美味。即便如此，"恐龙是如何消化这种困难的食物的呢？"这一难题仍然存在。

　　其中一种假说认为，发酵发生在植食性动物的胃中。牛、羊和长颈鹿等反刍动物的胃（瘤胃）中，就有细菌、原生动物和真菌共生。瘤胃中的微生物得到了有机物的供给，作为交换，它们会产生酵素（纤维素酶）将其分解为葡萄糖。

　　宿主会再进一步通过发酵，将吸收的葡萄糖转化为醋酸，并将其作为能源。例如乳牛就算吃下大量的纤维素（例如纸），也

① 该化石应该是超龙（*Supersaurus*）的前肢，和腕龙同为侏罗纪晚期的大型蜥脚类，但与梁龙的亲缘关系更近，推估体长约为 35 米。

能消化其中的 50％—80％。作为一个只能吸收百分之几的人类，我心中很是羡慕。

恐龙不像牛那样有四个胃，从牙齿来看，它们似乎也不太善于咀嚼[①]。然而研究已经证实，即使是难以下咽的叶子，如果在肠道中适当发酵，也可以产生大量能量。

腕龙的体形之所以能长得如此巨大，不仅是因为它高到能吃到巨大的南洋杉叶子，还因为吃掉的叶子通过它肠道的时间也增加了，从而促进发酵。推测腕龙就是靠着在胃中压碎和发酵的南洋杉、银杏和苏铁等针叶树的叶子产生能量，并赖以为生。

腕龙的胃和白蚁的肠道工厂不同的是，在发酵过程中，不仅会产生醋酸，还会产生甲烷气体。制造这些气体的主角，是被称为甲烷细菌的古细菌。这是一种 35 亿年前就已经存在于地球上的微生物，并在使原始地球变暖的过程中功不可没。毕竟，甲烷气体的温室效应可是比二氧化碳还大上 25 倍。

近来，稻田产生的、牛打嗝的以及我们放屁中含有的甲烷气体，都被视为造成全球变暖的元凶。据估计，恐龙的胃中在发酵时，每天通过打嗝和放屁的形式释放出的甲烷气体有 2700 升。这足以使 2 亿年前的地球发生暖化。考虑到这个尺度，我想老爸在家放的屁根本不算什么。

说到恐龙，第一个浮现在脑海的肯定是霸王龙等肉食性恐龙。它们在博物馆展览中占有压倒性的地位。然而，它们只是食物链和生态系统的一小部分。三角龙等植食性恐龙的存在支撑起了肉

[①] 这里是特指腕龙等大型蜥脚类的情形，一些鸟臀类恐龙的家族（如角龙类或鸭嘴龙类等），口中甚至会有多列达上百颗的牙齿协助咀嚼，称为"齿系（dental battery）"。

食性恐龙的生存。据统计，如果霸王龙吃掉超过 10％的植食性恐龙，那导致自身灭绝也不过是早晚的事。

而植物填饱了植食性恐龙的胃，因此它们的生存依赖于植物的初级生产。就腕龙而言，它的生存依赖南洋杉和分解它的肠道微生物。想当然尔，在 2 亿年前支撑了针叶树的生存就是酸性土壤。因此，恐龙的面子再大，也要在微小的微生物和土壤面前低头。

恐龙，吃起了银杏果

除了能量外，恐龙还面临着其他问题。巨大的化石骨骼，意味着恐龙需要大量的磷和钙。而恐龙妈妈也必须摄取大量的钙、磷和氮才能下蛋。恐龙的内部成分究其根本也是来自植物和土壤，但在酸性土壤中生长的南洋杉其养分很少，因此光靠叶子是不够的。就像人类一样，它们也需要副食品。

有科学家认为，银杏果担起了这个重任。银杏果含有丰富的蛋白质、磷等养分。看来小小的银杏果补充了大大的恐龙所需的养分，那腕龙是如何获取如此大量的银杏果的呢？

银杏是一种能抵抗逆境的植物。即使在今天，它仍然暴露在恶劣环境中，化身为强大的行道树。也许 2 亿年前，银杏的幼苗也利用自己的坚韧，在破坏之王腕龙拔山倒树踏平的荒原缺口上，寻觅到自身成长苗壮的空间。也就是说，恐龙只要穿过森林，就能为银杏创造栖地，并产生银杏果。恐龙不会是仅仅的破坏者，这就是自然世界运作方式的奥妙之处。

当然，在取得富含养分的果实方面，总是会有很多竞争对手。大型恐龙逐渐被小型恐龙取代，然后被人类祖先的哺乳动物取代。巨大化似乎是繁荣的标志，但却也是灭绝的前奏，这个前车之鉴不容小觑。

连接土和生物的森林精华：溶解有机物

木质素和棕色的水

到目前为止，我们已经讲了植物主要成分纤维素是如何被分解的，但实际上还有另一个大问题。正如我在第一章有关蕈菇的内容中提到的，森林中的有机物含有大量的木质素。如果可以分解纤维素的话，就能转变为美馔佳肴，问题是大部分纤维素还受到木质素保护。树木含有木质素，可以防止它们被虫蛀掉，通过让自己变得难吃，来增强防御力。就算分解了木质素，既无法获得能量，氮含量还很低。就是这种物质保护着我们的木屋，免受微生物影响而腐朽。

在本章的前半部分，我们解释了微生物有两大烦恼，即"养分欠缺"和"酸性"。而在森林中，障碍则更上一层楼——木质素。不过白腐真菌能够逆转这三重打击的困境，加速木质素的分解。如第一章所述，就是这些蕈菇（多孔菌类和舞菇）结束了地球历史上最大的泥炭（煤）累积期。

虽然我们前面把木质素介绍得像是物质循环的障碍物，但它不仅仅是生态系统中的负担。当落叶和倒树中的木质素分解时，就会渗出棕色的水。这种棕色的水是木质素的碎片，就像木质素的"孩子们"。此时，它们从难以下咽的物质摇身一变，以"溶解的有机物"的形式进入土壤、河流和海洋，维持着许多生命。让我们看看它是如何运作的。

森林流淌的棕色"血液"

雨后踩在森林地面时，会渗出棕色的水（第 57 页，图 1-19 右图）。照片上那不是茶，而是从森林地面渗出的渗透水。这些棕色的真面目是溶解有机物，是由溶解在水中的有机物组成，内含物从熟悉的氨基酸、有机酸等物质，到神秘的高分子芳香族化合物（例如茶叶中富含的单宁酸）。用身边的例子来说的话，茶和海带汤的颜色就是由溶解有机物所赋予的。

在自然界中，溶解有机物的来源是落叶和根。当落叶中的纤维素被分解时，就会变成透明的葡萄糖。葡萄糖甘甜可口，很快就被微生物分解。

而木质素渗出的棕色水含有大量芳香族化合物，味道苦涩。即使微生物试图将其分解，也需要耗费数年时间。在其被分解成二氧化碳之前，其中一些会随着雨水渗入土壤。溶解有机物流过土壤，最终沉淀成黏土，与植物根和微生物的残留物在一起遗留数百年而不被分解。这些物质化为腐殖质，将土壤染成黑色或棕色。

溶解有机物堪称森林的精华，其作用就像血液一样，输送磷、氮、钙等养分。森林的"血液"是棕色的。若是参观加拿大北部大河的马更些河上游著名的巨型瀑布，会意外地发现和日本的非常不同。除了没有围栏外，这里瀑布的河水是棕色的（图 2-10）。

说起河水时，我们很容易想到清澈的水，就像《千载和歌集》[①] 中的诗歌所描绘的："一泓清水澄澈流，涓涓不停绝。"然而，并非世界所有地方皆如此。北欧和加拿大北部的河水大部分都是棕色的，这牵涉到地球的悠久历史和当今微生物的运作方式。

---

① 编纂于平安时代末期，撰者为藤源俊成，收录 1288 首诗歌。

图 2-10　从泥炭土中流出的富含溶解有机物的河水（加拿大，西北地区）

　　这些地方地势平坦，且湖泊和湿地丰富。1 万年前，覆盖加拿大极地周边土地的冰川开始消退。无处可去的冰川融水在平坦的地形上汇集，形成湖泊和湿地。在这些湿地的针叶林下面，经过数千年风雨形成了泥炭土（图 2-11）。

　　流入北冰洋的马更些河，因溶解了该流域大面积泥炭土中的溶解有机物而变成棕色。在该流域普遍存在的泥炭土中，由于缺乏氧气，微生物的分解速度较慢，溶解有机物无法被全部吃掉。河流一边流动一边收集这些"厨余"溶解有机物。即使是饮用自来水，也常常是棕色的。当然，这可不是红茶。

　　日本常见的火山灰土壤含有大量黏土（水铝英石），具有很强的吸附力，这个成分可在几分钟内吸收 99 % 的溶解有机物。当水分穿过土壤时，有机物会被过滤掉，并流出澄澈的清水。加上险峻的地势，使得水流很少停滞。多亏了这些火山灰土壤，在日本生活的人们才能获得清澈的饮用水。

　　有句名言说"森林孕育海洋"，该理论认为，与溶解有机物（黄腐酸铁）结合的铁是从山上运来的，孕育了海洋生物。如果说"森林是海洋的恋人"[①]，那么溶解有机物就可以说是来自森林的情书。之前介绍过马更些河中的溶解有机物会流入北冰洋并提供营养物质，而这些养分的来源就是土壤。马更些河流域含有泥炭和永冻土，溶解有机物会从泥炭土中浸出；在夏季，磷和铁也从永冻土中溶解出来，让土壤变得像稻田里的泥土那样。

　　受大地恩惠的北冰洋，有短暂的夏季和日不落的永昼。浮游

---

① 日本宫城县非营利组织的标语，发起者畠山重笃是著名的独立环保人士和自然科普童书作者，他于 1989 年发起倡议，提倡当地的牡蛎养殖要从守护海域开始，守护海域又要从植树造林开始，实施从上游至下游一体化的完整环境保护。

图 2-11　调查厚厚的泥炭土（加拿大，魁北克省）。看起来很欢乐

植物在吸收铁、磷等养分和充足的光照下，会大量增生；接下来，以浮游生物为食的磷虾就会大量繁殖；鲸鱼和候鸟也会纷纷涌向北冰洋，参加这场盛宴。生命的连锁串连起短暂的夏日喧嚣。滋养着北极熊、海象和极地海豹生命所需的养分，就来自陆地排放的溶解有机物。

马更些河以苏格兰探险家亚历山大·马更些的名字命名，他于 18 世纪乘独木舟横渡了这条河。马更些为了确保毛皮贸易的路线，以太平洋为目标而展开这场冒险，但最终却到达了北冰洋。他非常失望，因此将其命名为"失望之河"。不过现在已经以其发现者的名字命名为马更些河，它对北极生物而言是输送溶解有机物和养分的希望之河。

养分的交接游戏

热带雨林的棕色水

我想继续多谈谈棕色水。这是因为当我作为研究生在寻找研究主题时，正是热带雨林的棕色水给了我一个发现的机会。

我的发现很简单，就是"流过落叶的水是棕色的"。

这个结论看起来似乎理所当然，毕竟这就像是将热水倒在茶叶上会产生茶的方式。事实上，在北欧的松树林中，灰化土的顶部有一层厚厚的落叶层，就会从其中渗出棕色的水。茶叶加多了茶会变得苦涩也是基于相同的道理。但在热带雨林中，微生物的分解相当活跃，因此落叶层很薄，棕色溶解有机物很快就被分解，因此渗出的水没有任何颜色。这些美国著名研究人员在中美洲和南美洲雨林中观察到的结果，在当时就像教科书一样令人信服。

当时，我也对这个共同的认知深信不疑。显然在热带地区，清澈的水流中的溶解有机物就是很少。当时我也没有崭新的研究策略或假说，就纯粹好奇"那印度尼西亚的情况呢"。于是就插入用来收集从落叶层渗出的水的碟子，静待下雨。

然而，意想不到的事发生了。

收集穿过一层不到 2 厘米厚的薄薄落叶层的水，瓶中的水居然是棕色的。这和我听闻的不一样。这个意想不到的结果充满了压力和机会。与前人结果不同，代表这可能是一个重大发现；但也可能是一个偶然促成的恶作剧。

令人震惊的观察最初都很难被接受。尽管向学术期刊提交了论文，也可能被拒稿，"安打率"（接收率）只有三成左右。在棒球界，这已经算是一名出色的打击手，但这里是科研界。为了验证这项发现并非巧合，有必要确定中美洲和南美洲产生清水的条件以及印度尼西亚产生棕色水的条件。

在印度尼西亚热带雨林中寻找不同的土壤条件，每月收集并分析流经不同种类土壤的水。这项验证花了三年的时间。结果发现，微酸性土壤（pH5—6）中会产生清澈的水，而强酸性土壤（pH4—5）中则产生富含溶解有机物的棕色水。

在森林中，木质素被特殊蕈菇的酵素（过氧化物酶）溶解，这些酶在酸性的条件下会变得更加活跃，将难以下咽的残羹剩饭转化为溶解有机物。东南亚雨林的黄土（老成土，第 65 页，图 1-23）比中美洲和南美洲的红土（氧化土，第 39 页，图 1-8）酸性更强，蕈菇的活性因此更加旺盛，制造出更多的棕色水。两者土壤的 pH 值最多相差看起来只有 1，但实际上代表氢离子浓度相差了 10 倍，导致蕈菇及其酵素的活性差异很大。"酸性"才是棕色水背后的真相。

另外，在热带雨林中，落叶分解速度很快，落叶层也显得非常薄。因此，溶解有机物质的量也显得非常少。然而落叶源源不绝，微生物并不缺乏食物。与北欧松树林的厚厚的腐叶土类似，热带雨林中的溶解有机物也是通过适应酸性条件的蕈菇来作用产生的。

森林植物和微生物之间透过溶解有机物交换养分。在这场抛接球游戏中，球（营养物）很少掉落。这是因为溶解有机物很容易被土壤吸附。一旦被吸附，就不用担心营养流失。在强酸性土壤等营养贫瘠的土壤中，溶解有机物可确保养分间的交流没有浪费。正如"土壤微生物的烦恼"（第 100 页）中所提到的，蕈菇和霉菌为了在"营养欠缺"和"酸性"中生存，会慢慢分解落叶，同时避免无机养分溢出流失。溶解有机物创造了一个可以称为"财政紧缩"的养分循环系统，将裤带勒得更紧（更少的养分损失）。

亚马孙的黑河与白河

木质素"汤汁"的难喝程度是举世皆然的。在南美洲的亚马孙热带雨林中，就有一个土壤差异影响河川水质的例子。南美洲大陆过去与非洲大陆相连，形成冈瓦纳大陆，但经过1亿年的漫长岁月，两者慢慢分离，形成了大西洋。此外，在恐龙灭绝后，安第斯山脉开始迅速隆起，原先流入太平洋的河流也改变流向转而流入大西洋。这就是世界上最大的亚马孙河流域的诞生。

在亚马孙河流域，有两条截然不同的支流——黑河（内格罗河）和白河（索利蒙伊斯河）——的汇流（图2-12）。这种颜

图2-12　亚马孙河支流的交汇处。来自黏土质流域的白色河流，与来自泥炭和砂土的黑色河流的交汇（路易斯·安东尼奥·马丁内利供图）

色的差异就是来自溶解有机物。黑河流域的泥炭和砂土产生大量
pH 值为 4 的棕色酸性水；而从安第斯山脉流出的白色河流经过
黏土过滤，形成中性水，几乎没有溶解有机物。

　　不同水质的河流交汇处不仅成为旅游胜地，酸性的黑河水还
会抑制浮游生物的生长，减少水生昆虫和鱼类的数量。黑河流域
的渔获量较低，人口的支撑能力也较小。酸性和溶解有机物对河
流生态系统和流域居民影响甚深。

　　营养盐分看起来似乎只从土壤输送到河流再入海，但土壤可
不是单方面做贡献而已。海鸟吃鱼后，会将粪便再带回陆地。鸟
粪是白色和黑色的混合物，白色部分就是尿酸或氮。海鸟不是只
在天空飞翔而已，在营养循环方面也没袖手旁观，是得力参与者。
鱼类也是如此，从河流洄游到海洋的鲑鱼和鳟鱼吸收海洋中的营
养并成长，1 年后返回故乡的河流。而产卵后的鱼类，大多成为
熊的猎物并化为粪便。换句话说，养分是从海洋返回陆地的。正
如季节的更迭一样，营养物质也在不为人知的情况下循环。特别
是森林中的养分循环，是由一种强大的机制所驱动的，围绕着酸
性土壤生存的生物体有时要与土壤斗争，有时又利用土壤。

吃土的红毛猩猩

　　在本章，我们透过纤维素和微生物、木质素和溶解有机物来
探究生命与土壤（尤其是酸性土壤）之间的关系。接下来稍微换
个不同的话题，那些与人类相似的猿猴又如何呢？

　　热带雨林是猴子的王国。看过猴子的人往往会想，"世界上
不是到处都有猴子吗？"然而，红毛猩猩（印度尼西亚和马来西
亚）、大猩猩和黑猩猩（非洲）都分布在热带地区，人类的祖先
也起源于非洲。热带雨林是许多种猿猴的家园，它们以当地的水

果和昆虫为食，光是婆罗洲岛上就有 50 多种猿猴。然而，红毛猩猩却难得一见。除了它们的警戒心较强外，近年栖息地的丧失也加速了种群数量的下降。

红毛猩猩的英文来自印度尼西亚语中的 orang-utan，意思是"森林之人"，和我们一样都是人科家族的成员，大约在"短短"1700 万年前才和我们分家。红毛猩猩的祖先在 1000 多万年前离开非洲，到达东南亚。在冰河时期，海平面比现在低超过100 米，马来半岛和婆罗洲岛是有陆地连接的广阔平原，称为巽他古陆（Sundaland），红毛猩猩的祖先就生活于此。后来，随着海平面上升，巽他古陆被海洋隔开，如今它们只栖息在婆罗洲、苏门答腊岛和世界各地的动物园。

生活在树上的红毛猩猩最喜欢的食物是水果之王榴莲。榴莲虽臭，但营养丰富，具有提升精力的作用。与温带地区仅与人类高度相当的果树不同，榴莲树即使在热带雨林中，也形成一层宏伟的高大树木。尽管生长在营养不良的酸性土壤中，但结出的果实营养丰富。尤其是婆罗洲岛上有许多特有的榴莲品种。

有一种理论认为，榴莲大约在红毛猩猩出现的时期开始多样化。这意味着榴莲的策略不仅为饕客红毛猩猩提供果实，并让它们携带果实来传播种子，而这项策略是成功的。被子植物（榴莲）和种子传播者（红毛猩猩）之间的合作，支撑起了整个热带雨林的多样性。

我们偶尔能够目击到"森林之人"红毛猩猩来到地面上（图2-13）。透过无人摄影机的拍摄，发现红毛猩猩是来吃土的。经调查，发现这种泥中含有大量的钠，也就是盐。虽然动物很容易因为流汗失去钠，但植物中所含有的钠却很少。就像我们人类在运动时会含着盐分糖果或喝运动饮料一样，猩猩从树上爬到"盐

图 2-13　在盐田吃土的红毛猩猩（印度尼西亚）

田"，就是为了主动补充钠。生活在远离海洋的动物有自己获取盐分的智慧。

吃土的诡异行径

众所周知，动物吃土壤的行为对于补充矿物质、调节肠道和解毒具有重要意义。在亚马孙流域的猴子中，杂食性和食虫的种类就不吃土壤，但只吃水果的白腹蜘蛛猴（*Ateles belzebuth*）就会吃土。如果从水果等食物中摄取过多的糖分，血液会因酸中毒（一种通过发酵产生脂肪酸的现象）而变成酸性，因此需要补充矿物质和黏土以中和这些酸。

虽然这个例子有点不同，但我也吃过土。第一次去泰国时，吃了太多泰国特产的一种柚子，出现腹泻。在我懊恼不已，并用蹩脚的泰语说"腹泻"时，当地农民笑着说："吃这种土就会痊愈。"我半信半疑，但迫于无奈吃了后，它居然真的治好了我的病。

其后，我对这片土壤中的黏土矿物进行了分析，发现其中含有大量的蒙脱石黏土，这种成分常被作为止泻药。这是我第一次也是最后一次吃土，但我应该也能算是吃土的猿猴之一了。

尽管我们人类在日常生活中不会直接食用土壤，但通过农业的实践，我们仍属于高度依赖土壤的动物。与许多生物的身体机能会受到土壤改变不同，人类是利用土壤机能而繁荣发展的。比起在地质时间尺度上演化的其他生物，人类有着完全不同的高速"适应"能力，之所以如此，都要得益于农耕技术和知识的发展。

在下一章，我们将从土壤来重新审视人类的来路。

第三章

人和土壤的
1万年

适应土壤的人

农业破坏自然？

植物和动物都通过与土壤相互作用，来拟订克服逆境的策略。那么人类又是如何呢？

虽然人类 1 万年的历史和文明史无法与地球亿万年的历程相提并论，但如果把人类活动（农业）看作是人类这种生物体对资源的利用和物质的变动，仍可窥见其中的"适应"和"演化"过程。

首先，让我们从土壤的角度来看农业。这是因为，人类活动往往是从"与自然共存"或"对自然的破坏""环境问题"等某一方面来评估的。然而，农业生态系统（水田与旱作）与自然生态系统（森林和草原）大相径庭，若在不了解其各自结构的情况下，是无法对其进行评估的。本书重点在讨论物质的变动，并从"酸性"开始追索。

在森林中，虽然也有土壤酸性化的现象，但整个生态系统具有防止养分流失的机制。然而，在农田里，收获的农作物却被从农田里夺走，送到我们的肚子里。当植物（蔬菜和谷物）吸收钙和钾时，土壤中的养分就会流失到所属的生态系统之外。

收获的农作物被转化为面包、蔬菜和肉类，然后放在餐桌上。然后可能会觉得下一步就变成我们的血、肉，但实际上绝大部分都变成了排泄物。除非人类的排泄物回归农田，否则田地里的土壤将继续失去钙和钾。换句话说，土壤的酸性化正在发生。人类的存在本身就在危及土壤，使其养分流失并呈酸性。

虽然潮湿地区受惠于植物生长不可或缺的水分（雨水），但也同时面临土壤变酸（土壤酸性化）的问题（图 3-1）。在这一点上，干旱地区的土壤水分较少，但养分非常丰富，因此不太会发生土壤酸性化等问题。总体来说，为了对付农业所面临的本质问题，古代文明发展出灌溉农业，就是选择旱地来耕种以避开酸性土壤的例子；而选择在潮湿的土地上处理酸性土壤的例子，就是刀耕火种或是稻作农业。

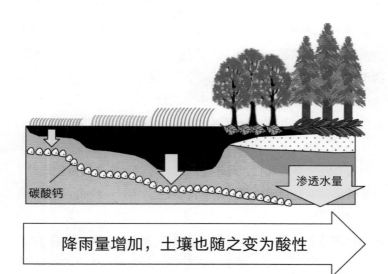

碳酸钙

渗透水量

降雨量增加，土壤也随之变为酸性

图 3-1　土壤酸性程度与降雨量的关系

水和养分的权衡

农耕的起源

为了了解人类适应酸性土壤的方法，我们需要稍微换个话题，研究始于干燥地区的农业文明的兴衰史。在那段时期的人类历史，一直受到水分和土壤养分不兼容的捉弄，在"鱼与熊掌不可兼得"的关系下权衡利弊。首先，让我们来看看1万年前农业开始发展的干旱地区（严格来说是半湿润半干旱地区）。

陆地占地球面积的3成，由绿意盎然的潮湿地区和干旱地区组成。森林广布在潮湿地区；沙漠和草原则分布在干旱地区。森林中的树木投入精力使树干变得更大、更坚硬；但干旱地区的草原植被会在一年内死亡，因此投入精力在留下更多的后代或种子。农业的奠基就是利用这种"草"的特性。

"新月沃土"支撑起美索不达米亚的农业文明，位于幼发拉底河和底格里斯河三角洲地带，属于夏季干燥、冬季潮湿的地中海型气候。对于习惯了夏季闷热潮湿的人来说，这里的气候则完全相反，夏季比冬季更容易引起喉咙干痛。在这种气候下发育的草原上，生长着栽培作物的原始种类，包括小麦、大麦和豆类。纵观整个农业史，人类选育了可以提供可口淀粉的作物品种。

另一方面，对野生物种的栽培驯化是建立在过度保护的基础上的。除非人类能够保护它们，否则作物就不会发展苗壮，而且每次的品种改良都让作物更难抵抗环境压力。树木能够适应它们生长的酸性土壤；但栽培作物（小麦和玉米）已经适应了它们出生和生长的半干旱地区中性土壤，因此无法生长在酸性土壤。为此，中性的土壤、充足的水分这些奢华条件是不可或缺的。原始小麦品种的存在、肥沃的土壤以及邻近可供灌溉的大河，促进了早期农业文明的发展。农业文明是人类对于干燥环境产生"适应"的结果。

古代文明的荣枯盛衰

土壤侵蚀与干旱化

乞力马扎罗山是非洲大陆的最高峰，尽管它位于赤道正上方，但其山顶附近有一条冰川。这条冰川是积年累月的降雪压实而成，铭刻着数万年气候变迁的历史。一项研究逐层检视了堆积的冰川中所含水分子的氧同位素比率（^{16}O 与 ^{18}O 的比率是气候变迁的指标），发现撒哈拉沙漠曾经是一片绿意盎然。这就是在伊赫伦岩壁画（Rock art of Iheren，位于非洲阿尔及利亚）中记载的"绿色撒哈拉"。然而，距今约 4000 年前，发生了严重的干旱，此处变成了一片荒漠。4000 年前终结"绿色撒哈拉"的干旱，也是古代农业文明的转折点。

首先，让我们追溯农业的起源。一项研究分析了美索不达米亚遗址中发现的小麦粒的"时钟"——放射性碳（^{14}C：一种碳同位素，每 5730 年就会减半）——的年龄，发现农业的起源最少可以追溯到 1 万年前。

无论 1 万年前或是今日，半干旱地区照理说都是缺水状态，但人类通过发展灌溉技术，增加了耕地面积和农作物数量。粮食的过剩促进了文明的发展，国家达到了繁荣的顶峰。另一方面，农业使人口增长，人口增长则需要增加粮食产量。这是一个螺旋式的开始，忙碌孕育着忙碌，一直持续至今。然而现实情况是，虽然人口呈现几何级数式的增长，但粮食产量仅呈等差数列式的成长，这是人类一手造就的"环境问题"起源。

　　距今 4000 年前，文明开始出现衰退的迹象。由于灌溉失败，盐分开始在土壤中沉淀，而干燥更加速了这个过程。与潮湿地区发生酸性化、冲走养分不同，在干旱地区，水分通过蒸发和蒸腾被吸走，导致含有大量钠和其他盐类的地下水上升，盐分积累在地表（图 3-2）。

图 3-2　土壤的盐分积累（加拿大）

　　我曾经出于好奇舔过加拿大积盐的土壤，味道确实偏咸口。
农作物在盐浓度高的土壤中会死亡，因此为了防止盐害，必须让
田地休耕并用适量的灌溉水冲刷。然而，运河里充满了砂土，无
法有效进行灌溉（水分管理）。

　　灌溉失败与土壤侵蚀有关。古代国家的繁荣伴随着建筑需求
的增加，导致晒砖和烧砖的产量增加，上游的森林被砍伐来制造
砖块。这是因为烧砖需要大量的燃料（图 3-3）。在湿润地区，
即使森林被砍伐，也往往会恢复到原来的状态，但在降雨量很少
的半干旱地区，森林的复原能力很弱。

图 3-3　烧砖现场。需要燃烧大量木材（印度尼西亚）

森林保水能力的下降导致了《吉尔伽美什史诗》①中所描述的大洪水。洪水冲走了土壤，且大量沉积物掩埋了灌溉渠道。沉积物的分量相当大，陆地面积也随之扩大，乌尔城从"港口城市"变成了"内陆沙漠"的废墟。土壤恶化意味着粮食生产的崩溃，也意味着文明最终的瓦解。

埃及是尼罗河溶解有机物的馈赠

虽然潮湿地带的酸性土壤是可以避免的，但旱地农业却叠加了土壤侵蚀和盐碱化的风险。这种状况也适用于埃及文明。然而，埃及文明却延续了 7000 年之久，金字塔和狮身人面像都讴歌着当时的辉煌。

与美索不达米亚的不同之处在于，埃及拥有尼罗河中所含有的"溶解有机物"。在序章中，它给凤梨蟹造成困扰；在第一章中，它在松树下制造灰化土；在第二章中，它是森林的精华，为北冰洋带来了恩赐。

埃及文明发源地尼罗河三角洲是干旱地区，年降雨量不足 200 毫米。滋润着这片沙漠的就是尼罗河。古埃及人将尼罗河自然泛滥的水引入田地，让尼罗河三角洲的水渗入地下，每年沉积 1 毫米厚的泥土。汇流至尼罗河三角洲的水、养分及其溶解有机物又是从哪里来的呢？

尼罗河是仅次于亚马孙河和刚果河的第三大流域，其水源是

---

① 距今 2500—2700 年前的美索不达米亚英雄史诗，主要讲述苏美尔时代英雄吉尔伽美什的故事，并汇聚许多两河流域的神话传说，最古老版本是以楔形文字刻在泥板上，是目前已知最早的英雄史诗，对《荷马史诗》等后续作品有深远的影响。

发源于埃塞俄比亚山区的青尼罗河，和从遥远中非的维多利亚湖而来的白尼罗河。

白尼罗河由高度风化的白色石英颗粒组成，矿物质含量很少，但在流入埃及之前，它溶解了热带泥炭地产生的大量溶解有机物。这成为支持植物生长的土壤有机物质的材料。

而青尼罗河在雨季会从埃塞俄比亚高原侵蚀营养丰富的砂土（蒙脱石黏土、长石和云母），以浑浊溪流的形式沉积在尼罗河三角洲。

由于尼罗河提供了养分、有机质和水，土壤没有变成酸性化或盐碱化。尼罗河的泥浆成为天然肥料，让贫瘠的沙漠摇身变成肥沃的土地。埃及利用了这个恩赐，延续了 7000 年之久。

古埃及王朝也曾经历过一段动荡的内乱时期。这发生于巨型金字塔建成之后，恰逢 4000 年前的干旱时期。对尼罗河三角洲沉积泥浆来源的研究表明，4000 年前的干旱化，使尼罗河泛滥的规模有所减少。如果土壤得不到水分和养分的补充，农作物就会歉收，进而产生粮食掠夺。土壤和水确实是生死攸关的问题。

靠尼罗河而得以延续和繁盛的文明，其实一直到最近才被彻底瓦解。阿斯旺大坝（Aswan Dam）的建成增加了可用于灌溉农业的耕地面积和发电量。

但另一方面，营养供给的途径就被切断了。过度灌溉使含盐量丰富的地下水上升，导致土壤盐碱化。正如希腊史书中就已提道"埃及是尼罗河的馈赠"，早在 2500 年前人们就发现尼罗河三角洲的肥沃是靠尼罗河泛滥维持的，但这个事实在现代化之前却无能为力。

更讽刺的是，大坝让土壤损失的肥沃，现在必须由大坝发电产生的能量来生产氮肥才能填补。过去肥沃的土壤是免费的，现如今却所费不赀。目前还没有发现任何化学肥料可以超越维持文明如此之久的尼罗河矿物质和溶解有机物，而化学肥料的历史也只有 100 年而已。

　　由于灌溉失败而造成的盐分累积不只是发生在过去的事。如今，世界各地都在面临土壤盐碱化的现象。古代文明给我们的教诲，就是旱地的灌溉农业虽然能让人类摆脱农田土壤酸性化的宿命，但这份美好有如蔷薇，同时也蕴含着盐分累积这个荆棘。

与酸性土壤共存

少数民族的刀耕火种

让我们再回到潮湿地区酸性土壤的话题。半干旱地区发展了古代的农业文明，湿润地区则发展了刀耕火种农业。在东南亚，强烈风化的酸性土壤（强风化红黄色土壤）遍布热带森林下方。因此，这里并不适合种植适应干旱地区的脆弱作物。为了解决这个问题，开发了运用刀耕火种技术来种植稻米的方法。诞生于雨水丰沛亚洲的稻米，也具有较强的耐酸性（尽管这只是相对来说比较强而已）。

泰国北部山区的农村地区，至今仍保留着刀耕火种的耕作景观。从泰国北部大城市清莱向老挝边境行驶约 3 小时车程，就有刀耕火种依旧普及的村庄。来自日本和泰国的研究人员，联手追踪这个农村几十年来的变化。

到国外开展研究，首先要做的就是谈合约（也就是钱）。然而，在泰国农村，博士和教授备受尊重，因此无须支付任何酬劳，村民也会乐于协助研究，不愧是有"微笑国度"的美誉的国家。

在泰国北部的丘陵地区，居住有许多少数民族，刀耕火种农业是当地养家糊口的民生之源。例如孟族人会砍伐热带森林，并在陡峭的山坡上种植糯米（图 3-4）。对于见惯了平坦稻田的人来说，这是个光怪陆离的景象。丘陵地区的稻米种植最初是从种植旱稻（旱地栽培的稻米）开始的，而不是水田。

简言之，刀耕火种的农业是很艰辛的。

图 3-4 旱稻栽培的光景（泰国，清莱）

让我们来看一下刀耕火种的一年。从旱季结束的 3 月开始焚烧（图 3-5）。说得好听是焚烧，但实际上就是引发森林火灾。之后的接连几天，可能会损坏支气管的大量灰烬漫天飞舞。即便到播种之后，随之而来的还有除草、驱虫等粗重劳动活。

如果田地较远，则必须在烈日下来回步行约 20 千米。我是完全跟不上村中长老为我带路的步伐。即使从田地返回，也只能

图 3-5　为了刀耕火种进行的焚烧（泰国，清莱）

冲凉水，没有热水澡可以洗。就算是身处热带地区，对我来说冲凉水还是太冷了。

尽管有着前面这些差异，当 10 月雨季结束时，稻穗饱满时节带来的丰收与平静却仍令人欣喜。刀耕火种的旱稻所培育出的糯米饭香气扑鼻，令人食指大动。

阻止酸性化的方法

接下来让我们话锋一转，开始科学性的说明吧。

能够让酸性土壤种植出农作物所依靠的方法是刀耕火种农业。这需要砍伐森林，并运用燃烧后产生的草木灰烬作为肥料来种植作物。草木灰烬含有钙、钾等碱性成分，可作为中和剂，中和土壤中的酸性物质。刀耕火种农业可以说是人类适应酸性土壤的一种方式。

草木灰烬是一种速效的中和剂，但很容易就会在雨水中被溶解、冲走，因此保质期很短。这使得从第 2 年开始就很难种植作物。然而，经过一年的研究，发现到刀耕火种的方法还有另一个"中和"作用。

刀耕火种的隐藏效果源自森林被开垦作为农业用途之前。在热带森林中，地表受到树木和落叶的保护，由于直射的阳光遭到阻挡，因此与田野相比更凉爽。也因此，土壤微生物的分解活性低于田间，有机质在森林土壤中更容易累积。蓬松的有机物在森林转化为田地后，成为养分的来源，为农作物提供了易于扎根的环境，增加了土壤的肥沃程度。这种有机质就是控制土壤酸性的关键。

在刀耕火种将森林变成田地时，土壤中的有机物会迅速分解。在过去，这被认为是刀耕火种农业会导致土壤恶化的原因。有机物分解时，也会释放出大量的氮。如果被植物吸收还好，但是如果氮一下子被全部释放出来，植物就无法全部吸收。过量的硝酸与钙离子会一起流出，使土壤呈酸性。根据我们目前的经验看来，这似乎不是什么好事。

然而，当我着手调查时，发现田间土壤中即将分解时的有机物会带有负电荷，消耗一个氢离子后就会分解消失。换句话说，森林中累积的土壤中，含有可以中和酸性物质的有机物。这就是刀耕火种可以阻止土壤酸性化的力量。当然，村民可能不知道这个道理，但几千年来他们一直在应用这个法则（图 3-6）。

据我估计，森林有机物作为"中和剂"的效果也仅限于几年。事实上，如果在第 2 年和第 3 年持续种植旱稻，其抵抗酸性化的

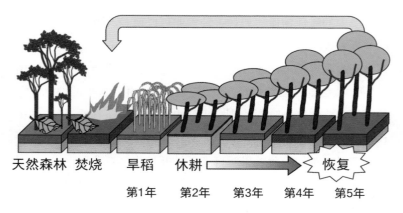

天然森林　焚烧　　旱稻　　休耕　　　　　　　　恢复

第1年　　第2年　　第3年　　第4年　　第5年

图 3-6　刀耕火种和休耕的循环（5 年周期的状况）

能力（有机质）也会下降。土壤侵蚀也随之发生，少了有机质，肥沃度也会下降，进而杂草丛生，作物产量减少。为此，村民们每隔几年就会纷纷搬迁耕地。耕地被废弃一段时间以恢复土壤养分，成为森林或草地（称为休耕），然后 5—10 年后返回，再度烧毁并利用。

刀耕火种中的森林和耕地间的循环，巧妙地利用了森林的有机肥料来中和酸性土壤。

改变刀耕火种农业的战争

与低地的稻田被土堤包围并淹没在水中不同，坡地的稻米种植依赖雨水（天降甘霖），且产量还不到水稻（水田中种植的稻米）的一半。此外，水稻可以每年种植，而旱稻则每 5 年才能种植一次。如果以 10 年为基准，这两者的收获量差异就有 10 倍。对集约化的现代农业而言，这种低产的模式被揶揄为“散养”（或原始），加上当地经济贫困且物资匮乏，化学肥料和农药的投入量也低。

在没有核心产业的热带地区农村，对刀耕火种农业的依赖度极高。尽管这是一种传统的耕作方法，但燃烧热带森林这种行为通常被视为环境问题。尤其是孟族，他们自古以来就是靠刀耕火种方式迁徙的游牧民族。但这样的生活方式，如今却被视为环境破坏的"罪魁祸首"。其实，只要森林面积比人口广阔，刀耕火种是能永续发展的传统农业。而且旱稻的生产效率虽然较低，但仍足以养活少数人口。

刀耕火种农业有时会造成环境破坏，但造成问题的本质是因为人口增长，超出了土地在刀耕火种耕作下能够养活人口的能力。

在我调查的村庄里，由于 20 世纪 80 年代沦为难民的孟族人和从下游地区拓垦至此的泰族人流入，导致人口增加。人口成长增加了有限土地资源的压力。

人们开始占据自身领地范围以外的土地，施行刀耕火种。如果观察 1992 年当地村落的远景照片，就可发现刀耕火种已经蔓延到山顶（图 3-7）。

休耕期的减少缩短了植物和土壤养分的恢复期。植物灰烬和有机物也因此减少，土壤易于变回酸性。这会降低作物产量，于是人们又增加农地的开发。结果，退林休田的休耕期也越来越短，形成恶性循环。

刀耕火种农业本身就是人类适应酸性土壤的策略，同时也符合生态学的运行。然而，任何类型的农业都有其规则，且能养活的人口数量也有限。环境破坏（土壤退化）的导火线，往往是由很多外在因素所引发。

图 3-7　泰国北部的土地利用变化。上图为 1992 年（林幸博氏摄影），
下图为 2013 年（作者摄影）。刀耕火种在过去一路蔓延到山顶，
但现在改为在村落附近的山麓地带集约开发

利用稻田克服酸性土壤

亚洲季风区的泥土和水田

容我再次强调，刀耕火种是一种只能养活少量人口的农业系统。随着人口密度的增加，酸性土壤的问题就会变得更加严重。然而，尽管亚洲土壤呈酸性，它仍支撑着世界上人口密度数一数二的地区。而克服酸性土壤的秘诀就在于水田中的稻作种植。

许多谷物都是在半干旱地区种植的，但水稻是唯一的例外，生长在潮湿的亚热带亚洲季风区。季风性的海风带来雨季，滋润大地。当我们想到"土壤"时，脑中总浮现"泥土"；而"吃饭"通常也作为"用餐"的代称。在这里的许多语言中，米饭都能直接代表食物。正所谓一样米养百样人，说的就是亚洲季风带。

在前面提到的泰国北部的农村，从刀耕火种旱稻的山上下来时，便可见到稻田在低地阡陌交恒。这里的农地并没有太多整顿。即便如此，每公顷的产量仍可达 5 吨，这可是旱稻的 5 倍。且更重要的是，每年都能收获这么大的量，简直就像痴人说梦。

水稻种植的人口保障能力是刀耕火种的 10 倍。这并不是稻米的品种不同，无论是刀耕火种的旱稻还是稻田里种植的水稻，都是常用的粳稻品种。那么，为什么同一个品种的稻米在水田中产量却如此之高呢？

稻田之土有如变色龙

答案就在稻田之下的青色土壤。

中国古代用来彩绘兵马俑的五种颜色之一是青色，代表长江沿岸水田土壤的颜色。兵马俑的创作者之所以使用青色，并非因为对特定色彩情有独钟，而是稻田里的土壤真的是青色的。

要想探究水田中稻作种植生产力的秘密，就得重新审视一下水田。

这里以日本为例。日本的春天，稻田里充满了水，开始插秧。不到2周，稻田里的土壤颜色就会开始改变。在水下，由于缺乏氧气，随着还原状态的进行，土壤中的氧化铁开始溶解。当原本是红色或黄色的氧化铁被析出时，会变成二价离子（Fe^{2+}）。这种析出的铁会将土壤染成青色，并与其他黑色、棕色和白色成分（有机物质和沙子）混合，形成青灰色土壤（图3-8）。

改变的不仅是颜色。氧化铁的还原反应除了消耗电子，还消耗三个氢离子，起到使酸性土壤变成中性的作用。此外，随着pH值的增加，在酸性条件下不溶解的磷会变得更易溶于水。通过这种方式，磷就能被输送到水稻的根部。这些就是稻田注满水的效果，由于水面下与土壤的相互作用，让水稻能够应付酸性土壤。

即便如此，当水从稻田中排出时，土壤很快就会恢复到恶劣的酸性状态。当泥巴暴露在空气中，哪怕只有几个小时，铁也会从二价离子变回氧化物。季节性的青色土壤支撑着稻田的高生产力。

用水田种植稻米始于距今约1万年前的中国南方长江中下游地区，并传播到整个亚洲季风带。

图 3-8 还原状态下呈青灰色的水田土壤（日本，香川县）

肥沃的冲积平原

亚洲地区位于喜马拉雅造山带。潮湿的季风与这些山脉碰撞，化为雨水，川流不息。这些水的作用刮擦大地，其沉积物形成广阔的冲积平原（三角洲）。世界上有近 30% 的低地面积都集中在亚洲热带地区，这些都是长江（中国）、湄公河（泰国）和恒河（孟加拉国）等大河的恩赐。水稻种植正是利用这一地理优势而传播开来的。尽管水稻种植面积不到全球耕作面积的 10%，但却是全球 70 亿人口中近半数人的主食。

亚洲的冲积平原如今已是一望无际的稻田，但过去却是长满芦苇的天然湿地，水稻的原始品种也存在于这片景观中。利用雨季大河泛滥的优势，环境会自动变成适合种植水稻的水田土壤。人们开拓湿地，并扩大水田范围。水田稻作利用了亚洲地区特有的水和土壤，使得养活大量人口成为可能。

例如，莫卧儿帝国时期[①]被称为"金色孟加拉"的孟加拉国，以及被称为"谷物之岛"的印度尼西亚爪哇岛，这些地区的人口密度高达每 10 平方千米有 1 万人。水和肥沃的土壤可以养活世界上人口最多的区域，支持文明的发展。

亚洲季风地区降雨量大，地形陡峭，容易发生水土流失和酸性化。从上游地区的角度来看，这是养分的流失，但从下游地区的角度来看，这是养分的新供给。因此，冲积平原的土壤往往变得肥沃。输送到下游地区的矿物质（例如钙）通过灌溉将带入稻田，就可以中和酸性土壤。此外，爪哇岛与日本一样，也有许多火山，矿物质会通过喷发定期得到供给。因此即使在印度尼西亚，婆罗洲的人口密度也只有爪哇岛的百分之一。土壤肥沃程度的差异造

---

① 1526—1857 年，由突厥化蒙古人帖木儿的后裔巴布尔建立的封建王朝。

就了人口承载的能力。

虽然从长远来看，洪水和火山活动增加了冲积土壤的肥沃，但每次灾难也都吞噬了许多人的生活。享受着沃土的生活同时也是一部抗灾的历史，就如同硬币的一体两面。尽管如此，新鲜材料的供应，也一直维持着土地的肥沃。

河流侵蚀大地，伴随洪水和山崩，同时也形成冲积扇和洪泛平原。虽然每片平原的面积并不大，但充足的水源和适于发展水田土地的存在，支持了稻作文化的发展。我们绝不能忘记，肥沃的土壤是在健康的大地和巨大牺牲的历史上培育出来的。

适合养泥鳅的水田土壤

水稻种植于距今约 2500 年前传入了日本。得益于可以缓解酸性土壤问题的水稻种植，日本农业得以发达，人口增长。

水稻种植最初传入日本并在日本迅速普及的原因不仅在于其作为克服酸性土壤的耕作技术的吸引力，还在于另一个优点——渔捞（半养殖鱼），其典型作物就是泥鳅（图 3-9）。

虽然现如今在稻田里见过泥鳅的人可能已经很少了，但泥鳅本身是一种营养丰富的鱼类，在古代还作为一种健康食品而大受欢迎。正如"柳下不会总有泥鳅"[1]等谚语所显示，泥鳅是与我们联结很深的生物。

这本书的主题不是泥鳅，而是不可食用的土壤，但两者其实相差不远，泥鳅的"泥"也与泥、土脱不了干系。

泥鳅生活在稻田和溪流的泥巴里。6 月左右，它们会争先恐

---

[1] 日本谚语，类似中国的"守株待兔"典故，代表一次碰巧遇到的好事不一定会再度发生。

图 3-9　水田渔捞（左图）与泥鳅（右图）（由日本国立国会图书馆供图）

后地从灌溉渠道进入稻田产卵。这些卵会在几天内孵化，并以摇蚊的幼虫（红虫）为食长大。泥鳅已经适应了人类创造的稻田环境。每到夏天，就可以捕获已经长大的泥鳅。据考证，从中国引进的水稻种植的同时，就已伴随着泥鳅和鲫鱼的捕捞。这种将稻作和捕鱼结合的制度起源于长江下游，并传播到整个亚洲。在印度尼西亚的爪哇岛，至今仍然保留着类似的水田渔捞系统。

　　这在过去的日本也是随处可见的光景。然而，后来随着农地规划（水道的改善）和农药使用的增加，泥鳅栖息地的数量急剧减少。尤其在农地规划后，原本的湿地区域也变得能调节水位，导致潮湿的稻田在枯水期变得干燥，泥鳅栖息地的数量开始大幅减少。如今，已经越来越难感受到"泥土"与泥鳅的亲密关系了。

　　我想知道是否有一年四季都不会干涸的稻田，因此前往京都府丹后半岛，从可以俯瞰天桥立①的梯田进行调查，发现了一片

---

① 位于日本京都府的特殊自然景观，在宫津湾与内海阿苏海之间的南北向沙洲，全长 3.6 千米，由于从两旁山丘俯瞰时，狭长的沙丘犹如直达天庭的桥梁，因而得名。

泥鳅栖息的稻田。据当地农民介绍，这里入秋后也不缺地下水、积雪的环境，为泥鳅提供了水分源源不绝的栖息地。这是科学家在经过深思熟虑后才得出的假设，但对当地农民而言不过是理所当然、侃侃而谈的现象，让我备感震惊之余也开始相信自然科学就是需要实地学习。

不只梯田，泥鳅最初就是在人类创造的稻田环境中与人类一起增长。通过将水田与水产养殖结合的水田渔捞，人类不仅能收获水稻，还能捕捞鱼类。从营养角度来看，水田渔捞的优点是不仅能提供碳水化合物（米），还能提供蛋白质（鱼）。从土壤养分循环的角度来看，泥鳅对土壤的搅拌和其排泄物都增加了稻田水中的养分浓度，促进了植物的生长和产量，是一石三鸟的系统。

然而，在稻田里有泥鳅的日子里，吸收了足够氮的稻米因为它含有大量的蛋白质，并不像今日那么美味（甘甜）。此外，如果吃米饭时配上沙丁鱼，则可以摄取到所有必需氨基酸。然而，营养和美味是两件事。

现代人对米饭的口味，已经转变为追求甘甜。例如日本的越光米就是对这项需求的响应，甚至可以说是甘甜米饭的革命者。为了达到这种风味，越光米的蛋白质含量较低，这意味着它的营养价值较低。它们不需要太多的氮，实际上，如果施太多氮肥，稻作甚至会因为长得太大并且倒塌。这就是为什么它有一个不幸的绰号"倒光米"。

曾经与水稻种植组套遍布日本各地的泥鳅，如今正在与"难吃但营养丰富的大米"一起逐渐消失。在氮肥有限的时代，摄取充足蛋白质的机制就隐藏在"难吃"的水稻和水田渔捞之中，从而使养活亚洲的大量人口化为可能。日趋减少的泥鳅讲述的，就是稻田与米饭和我们人类关系的变化。

山野资源和粪尿的循环再利用

肥料资源的枯竭

只要人们为了生存继续从事农业，就会从农田提取收获。如果持续提取，土壤中的养分就会逐渐消失。如果说森林土壤酸性化是一种促进养分循环的代谢过程，那么农业土壤酸性化则可以说是一种成人病①。每年都在提取收获（就像长期的生活习惯）相当于病因，土壤变为酸性就是发展出的病灶。

土壤的酸性越强，受到影响的可能性就越大。然而，由于没有出现如沙漠化或盐碱化等明显变化，一直到植物枯萎时，人们都还在怀疑是否是酸雨造成的。事实上，农业造成的影响是酸雨的 10 倍以上。人类尝试以各种方式保持土壤的肥沃度，其中之一是肥料。首先，就让我们以日本为例来看看肥料的情况。

在现代农业中，从农田输送到城市的大部分养分损失都被化学肥料取代了。虽然要花钱，但却能得到充分的补偿。然而，这不是能让人安心的状况。日本许多肥料（氮、磷、钾）的原料都要依赖从海外进口，而这些资源也有分布不均的问题。

尽管氮肥的原料是充斥于大气中的氮气，但用于合成氮肥所需的能源，如原油和天然气，却要依赖进口。虽然常说氮肥本身有很大一部分都是日本国内生产的，但真正的自给率却值得怀疑。80％的钾从加拿大进口；大部分磷储量位于中国、美国等地，也

---

① 指人到中年，因工作、家庭、社会压力所引发的各种疾病。

几乎全部仰赖进口。在肥料的原料中，除氮以外的两种元素的来源，几乎全部来自地下矿物。

依赖进口的地下资源，尤其是磷矿的供应已开始达到极限。虽然储量仍然充足，但劣质磷矿含有大量重金属，而开采优质磷矿则成本昂贵。当地下资源枯竭时，这意味着除非我们回收周围的养分，否则将无法阻止土壤肥沃程度的下降，而日本农业的现况就是完全依赖进口。那么，在江户时代之前，从国外进口资源有限的日本是怎么样的呢？当时的人们别无选择，只能用尽身边一切资源来维持平衡，而这就是利用山野资源和粪尿。

这里的山野资源是指从山上采集下来，耕入农田作为垫材的森林落叶和鲜嫩的枝叶（图 3-10）。山野经常被视为自然与人类之间可持续的关系。然而，造就山野资源开发的背后却是农地养分的枯竭和肥料资源的稀缺。江户时代日本的耕地面积和人口都

图 3-10　山野的景观。上山砍柴，耕入稻田，山林变得光秃一片（作者绘图）

不断增加，但肥料资源却十分有限。在工厂还没有制造化学肥料的当时，那是一个 100% 有机农业（不使用化学合成肥料或农药的农业）的时代。为了寻找肥料成分而大量开发森林资源，导致只有草丛的草山、秃山数量增多，天然山林大幅减少。

由于山野资源的减少，我们被迫依赖最容易取得的材料，那就是粪尿。回顾厕所的历史，据说镰仓时代就创造了储槽式厕所，将排泄出的粪尿回归到农田作为肥料。这是因为这段时期开始实行二毛作①，因此不只稻作，小麦种植也需要肥料。到了江户时代，粪尿的循环利用变得更加活跃。就让我们来看看当时的情况。

粪尿与农业

十返舍一九②所写的《东海道徒步旅行记》中，弥次和喜多两人从江户的日本桥出发，在几周内游历 490 千米到达京都的三条大桥。在他们经过京都清水寺时，曾遇到粪尿贩子用一根萝卜换他的一泡尿（图 3-11）。根据小贩所说，江户来的喜多，其尿液比京都人的更浓、更有价值。说是因为江户人有许多美食家，所以理论上尿液的营养价值也会比较高。

实际上，江户的粪尿商人将粪便和尿液分为五个等级，交易行情中最贵的是来自贵族府邸的，而最便宜的则是来自监狱里的。这不是说达官显贵尿量惊人，而是由于他们饮食奢靡，排泄物中的肥料含量也相当高。据说，有些大户人家光靠卖店主的粪便和

① 日本的耕作方式，指在相同耕地 1 年内耕作 2 种不同作物，夏季种稻、冬季种麦。
② 1765—1831 年，日本江户时代后期作家、绘师，本名重田贞一，创作有大量滑稽小说，善于察觉读者喜好而创作角色，其作品丰富，总数超过 580 件，是在日本最早得以仅靠文笔维生的作家之一。

图 3-11　农民用萝卜交换粪便和尿液。农民们在大年初二赶往城下町，以求吃完年夜饭后排出的高营养粪尿（《日本农书全集 26. 农业图绘》，日本农文协供图）

尿液，一年赚 2 两钱。从江户时代的川柳①集《诽风柳多留》中，也能一睹当时的风采。

> 排出的小便　幻化为野菜作祟　在京城门第
> 昨日排解的　小便在今日京城　遁入味噌汤

尿液虽然不会幻化为作祟的蔬菜，却成为农田中蔬菜肥料的来源。第二种情况也是，尿液虽然不会加入今天的味噌汤，但用尿液换来的萝卜就会作为味噌汤的配料。萝卜也是用尿液当肥料来种植的。江户时代人们拿自己的生活开玩笑的欢声笑语，在今

① 日本诗的一种，与俳句一样按照 5、7、5 的音节排列，以口语为主，格式较自由，多用于表达心情或讽刺时事。

天看来仍然是有趣的段子。

　　一直到明治时代都持续将粪尿回收到农田。根据东京农林学校（现在的东京大学农学部）任教的奥斯卡·凯尔纳的研究，吃得越奢侈，产生粪尿的肥料价值就越高。不管吃的是何种山珍海味，都遵守着一个生物学原理，即多摄入的都会被排出体外。

　　不仅在江户时代，日本直到近代都还在将排泄物从"储槽式厕所"运到农村地区的田地。搬运到稻田的途中，万一老太太把独轮车弄翻了，那可就大事不妙了，气味一时半会都散不去。抽水马桶的普及改变了这种生活方式，将粪便与农田分开，曾经是主要产业的粪尿运输业也濒临消失。此外，由于卫生原因，后来直接返回农田的粪便和尿液也减少了。将污水处理设施中的养分回收到农田也不仅没有什么经济效益，还有重金属污染问题。

　　然而，"有借有还"这一作业原则也适用于保持土壤肥沃度的方法。正如后面将要讨论的，对于使用哈伯—博施法合成的氨氮肥来说，尿液的循环利用是更具可持续性的。多年来保持农业土壤肥沃度的小便，其独具的魅力究竟为何？

　　首先，尿液比粪便含有更多的营养，这也是为什么在海上漂流的冒险家往往能够依靠尿液生存。另一个魅力则在于尿素，它是尿液的主要成分。为了在陆地上生存，生物体获得了鸟氨酸（Ornithine）循环，可以解毒有害的氨并将其转化为尿素（鱼类则直接将氨排入水中）。将尿素和氨添加到土壤后的反应有很大差异，尿素比氨更不易使土壤酸性化，是对土壤更友善的肥料。

　　尿素会被微生物吸收，最终被植物吸收。尽管大叔的"随地小便"是非常不礼貌的行为（注：这基本上是违法的），但这可以在最大限度减少土壤酸性化的情况下提供氮养，因此仅限于田间的话应该广受青睐。

加速人口增加和土壤酸性化的
哈伯—博施法

世纪大发现

让我们再稍微继续一下"粪便"的话题。

农业文明发展后，由于农地面积的扩大和耕作技术的发展，世界人口逐渐增加。即便如此，植物光合作用所需的"氮元素"仍然有限。尽管大气中的氮含量丰富，但土壤中的氮要依赖动物的粪尿和自然固氮作用（例如豆科植物），而人口数量也受到土壤中氮含量多寡的限制。

19世纪，随着世界各地四处寻宝（氮肥）的进展，发现了曾经支撑起印加帝国的矿物——鸟粪石。鸟粪石是由数亿年前堆积起的海鸟粪便所形成的岩石，含有大量的氮和磷。欧美列强竞相将此作为肥料和火药的原料，将其开采殆尽。即便如此，氮肥仍旧不足。

到19世纪下半叶，欧洲人开始焦虑不安。亚洲人口持续成长，人们有一种世界即将耗尽粮食的危机感。尤其是英国、德国、俄罗斯等大国，都苦恼于气候寒冷及酸性土壤。从料理来说，就是炸鱼薯条配香肠、德式煎马铃薯配啤酒……这种单调的食物，反映出恶劣的生产环境。

即使想要增加粮食产量，也没有足够的氮肥。当时的世界人口为16亿，仅为现今人口的五分之一。如果就当时的地球容量展开一场激烈的抢凳子游戏，今日生活中将有64亿人将无法坐下。

　　为了制造氮肥，研究人员最初想到的就是闪电的固氮作用。闪电将大气中的氮气（N_2）氧化成硝酸（NO_3^-）。闪电在日文被称为"稻妻"，就是因为人们相信它会带来稻米丰收，而实际上，闪电也确实给大地提供了氮"肥料"。然而，该计划失败了，因为无法利用真空放电（人工闪电）来大规模生产廉价肥料。

　　1906年，德国化学家弗里茨·哈伯开发了一种从大气中的氮气合成氨的方法（图3-12），由氢气和氮气制造出氨。当世界最大的化学品制造商巴斯夫公司（BASF）的卡尔·博施将这一原理投入实际应用后，氮肥（尤其是硫酸铵）的大量生产成为可能。这就是在化学课上一直在教的哈伯—博施法，而真正重要的是接下来发生的事。已经可以大量生产的氮肥可以用于农田，足以应付人口增长的粮食生产终于化为可能。

　　在德国研究人员的竞争，非常激烈。尽管是做出如此伟大发现的哈伯，据说也曾长期处于无薪的底层阶级。后来，他因发明氨合成法而获得诺贝尔化学奖。

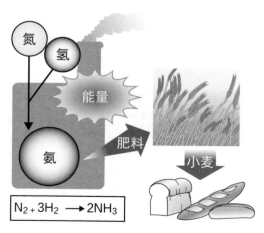

$$N_2 + 3H_2 \longrightarrow 2NH_3$$

图3-12　运用哈伯—博施法生产面包

　　但是，这个"世纪伟大发明"不仅用于生产肥料，也使生产火药成为可能，因为这两者的制造方法非常相似。火药从此不再需要依靠古代海鸟的粪便（鸟粪石）来制造。拥有大量酸性土壤的德国入侵了各个地区，寻找更肥沃的土地来缓解长期的粮食短缺，这就是第一次世界大战。因此哈伯也在火药和毒气的生产，以及长期战争的发动起到推波助澜的作用。同时期流亡到美国的爱因斯坦也被迫支持原子弹的发展。那些被时代玩弄的天才们，清晰地折射出科学的光明和黑暗面。

氮肥的功与过

　　哈伯—博施法又称"哈伯法"，这个发明简单来说就像是"将水、石炭和空气混合来制造面包的方法"，导致了人口的爆炸性增长（图 3-13）。直到 20 世纪初，通过闪电和豆科植物的固氮作用，在世界农地投入的氮量为 1.2 亿吨，而人工氮肥又增加了 1.3 亿吨，其结果令世界人口在 100 年内迅速增加到 80 亿。如果

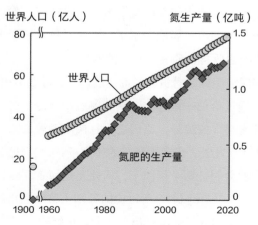

图 3-13　氮肥与世界人口的推移（根据 FAOSTAT 绘制）

没有合成氮的发明，目前世界上三分之二的人口（约 50 亿人）
就无法生存。如果不是哈伯—博施法的发明，三人长椅的两边就
空无一人了——就是如此伟大的发现。

　　氮肥就像"毒品"，一旦成瘾，就需要更多的氮肥来满足由
此产生的人口增长。1 万多年来，人类因农业的发展而逐渐增加，
直到 100 年前终于打开了潘多拉魔盒。我想以日本为例来回顾它
所造成的影响。

　　江户时代发展出依靠粪尿回收以及投入山野资源（砍柴铺地）
的农业，在武士时代结束后仍在继续。明治初期从德国来到日本
的农业技术指导员费斯卡对此感到相当震惊。与香肠之国德国相
比，日本的牲畜和肥料都比较少，并指出"少肥"（缺乏堆肥等
肥料）是当时日本农业的一个主要问题。

　　然而，在 20 世纪 30 年代，采用哈伯—博施法合成的氮肥在
日本也出现了。特别是，硫酸铵不仅可以通过哈伯—博施法生产，
还可以利用尼龙合成和煤炭燃烧过程中产生的硫酸废液来生产。
为此，日本领先的化学企业在第一次世界大战前后开始加入硫酸
铵的生产。由于国产硫酸铵产量增加，日本在第一次世界大战前
的氮肥使用量增加至世界较高水平。至此，日本已不再是昔日江
户时代那个要回收自己的粪便和尿液的日本了。

　　粪便和尿液等许多有机肥料都呈弱碱性，可以中和酸性土壤。
另一方面，透过哈伯—博施法合成的硫酸铵会使土壤呈酸性，因
此有"酸性肥料"的绰号。原因之一是铵离子被植物吸收后残留
的硫酸根离子；此外，当未被吸收的铵离子转化为硝酸根离子时，
每产生一个就会制造两个氢离子，因此无论何者，酸性化都会发
生（图 3-14）。与我们迄今所讨论的长期土壤酸性化问题不同，
农田土壤酸性化的进展速度是快上一个数量级的。

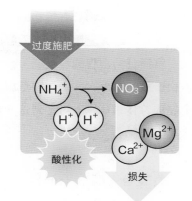

图 3-14 氮肥（硫酸铵）产生的酸性化过程

加速土壤退化的资本主义

刀耕火种、粪尿、山野资源的利用都符合自然法则和物质循环的原理；但反观制造氮肥需要大量的能源，例如煤炭和石油。能源不是免费的，因此在田间施氮肥需要耗费金钱。为了获得金钱，必须为城市生产经济作物（不用于维持生计的作物）。田间养分流失增加，导致土壤退化，因此需要更多的肥料。这就是资本主义的原理。

资本主义浪潮也席卷了泰国北部少数民族居住的刀耕火种的村庄。全球咖啡连锁店的咖啡树苗已经抵达，往城市运载包菜和玉米的卡车正来来去去——明明有些村落连电都还没接上。田地被改成连续耕作的玉米、包菜旱田，当土壤养分因水土流失而减少时，就施用氮肥来弥补损失，导致土壤迅速酸性化。

传统的旱稻种植只需要钻孔和播种，因此土壤侵蚀很少。然而，种植玉米和包菜需要耕耘土壤。这增加了暴露在雨水和阳光下的土地面积，从而加速了微生物对有机物的分解，并增加了因土壤侵蚀而流失的表土量，过去土壤中用于缓解酸性化的有机物现在则更易于流失。宫泽贤治出售的石灰肥（碳酸钙）可以有效中和酸性土壤，但由于成本高昂，并未被广泛施用。当劣化的土壤被废弃后，就会变成竹林和草原。当走到这一步时，即使是人类也无能为力。

土壤退化的罪魁祸首

氮肥的生产终于超过了大自然的固氮量（图 3-13）。哈伯—博施法的氮肥有促进人口增长的光明面，也有造成环境问题的阴暗面。氮肥的利用率（被农作物吸收的比例）只有几成，流失到环境中的氮肥大部分都回到大气中，但也有一部分残留在环境，是造成土壤酸性化、水污染等环境问题的元凶。农田过量施氮会造成氮形态的变化（酸性化）（图 3-14），加速土壤酸性化，导致土壤以前所未有的速度劣化。

回顾人类农耕以来的 1 万年，并不是说传统农业就一定是永续发展的。自古文明以来，我们与土壤的关系也一直是个反复试错的过程。环境问题也可以被视为一个机会，让我们重新思考为什么过去的生活方式是可行的，以及现在的生活方式又有什么问题。文明的命运就取决于人类在过去 100 年来发展出的急遽的变化之中，是否累积出足够的试错。

我想指出的是，虽然土壤退化的"罪魁祸首"可能是当地农民，但触发因素在于我们日常参与的政治、经济和历史。尽管在我们面前的环境问题看起来减少了，但实际上，我们只是将环境问题转移到了另一个地方——农业现场。

在下一章中，我想看看大地的 5 亿年和我们现在之间的联结。

第四章

土壤的未来

在前面的章节中，我们重点关注了地下世界，了解了植物、动物和土壤之间 5 亿年前的关系，以及人类和土壤之间 1 万年前的联结。在"亿年"或"万年"这些长到难以想象的时间尺度中，土壤和生物之间为了争夺养分和能量持续在展开斗争。我们习以为常的土壤，其实是在充满巧合和必然间的戏剧中不断变化，人与土壤的关系就是其中的一部分。我们今天面临的许多环境和粮食问题表明，如果我们不能对自身造成的变化和自然环境做出适当的反应，就无法保证明天的土壤依然肥沃。

本书的旅途目的就是"温故知新"，但 5 亿年来的大地和 1 万年来的农业如何与我们的当今联系起来？

让我们来看看上班族一天的生活。早上喝北海道产的牛奶配面包，而面包的原料是北美洲种植的小麦。接着搭电车通勤，感受到今天也很热，一边思考是否是全球变暖导致的，不知不觉就来到午餐时间。午餐是用外国米做的便利商店盒饭、瓶装饮料的茶和一次性筷子。吃饱了就犯困，但还是抓起了绿茶和薯片当作点心。晚餐决定来点传统美食，吃纳豆配米饭加味噌汤。由于日本国产的牛肉比较贵，选择吃巴西的牛肉；为了均衡摄取蔬菜，吃了不当季的菠菜。有时也会来点中国产的毛豆配啤酒。

我们在日常生活中所做的每一个选择都会使世界市场、生产基地和土壤朝着意想不到的方向发展。针对有关土壤的众多问题，要提出大刀阔斧的改革计划并不容易，但我想了解每个问题的结构和参与者，并以史为鉴看待我们的生活和土壤的现在和未来。

改变土壤的能源革命

唤醒碳元素

不仅面包、米、一次性筷子都是国外生产的，就连国产的牛奶，其饲料也往往是国外生产的。在自给率较低的日本，海外生产的食品需要经过远洋运输、低温冷冻、微波炉解冻才会进入我们的口中。我们从这些远道而来的食物中获取能量。用作燃料的木材、煤炭和石油本质上是有机物质，作为我们能量来源的稻米也是有机物。将有机物化作能源，有两个原则。

第一个原则是，碳会随着能量的使用而移动，其活动会以二氧化碳的形式被记录下来。所有异养生物[①]，例如分解落叶的微生物和吃米饭的人类，都会分解有机物以产生代谢能量并释放二氧化碳；用薪材、煤炭和石油来产生能源也涉及二氧化碳的释放。就像购物时付钱一样，碳也随着能源的使用而移动。

另一个原则是，大部分的有机物是通过植物的光合作用产生，因此动物可以消耗的能量受到植物努力产生的能量多寡限制。5亿年来，从微生物到恐龙的诸多生物都要遵循这项规则。每年植物经由光合作用吸收的二氧化碳和生物排放的二氧化碳大致平衡。虽说大气中的二氧化碳浓度在石炭纪等地质尺度上会有波动，但受到自然界的巧妙循环，短时间内的大气二氧化碳浓度基本保

---

① 指不能自身合成食物，必须吃其他生物来维持摄取营养和能量，如捕食、寄生和腐生。

持稳定。

从这个循环上脱节的，就是我们人类。人类每天所需的食物和能量的数量照理说并不随物换星移而有太大变化，但现代人类消耗的食物量是人类作为生物体所需的 2 倍，使用的能量也是人类所需的 30 倍以上。人类对"泥炭化石"的煤炭和"海藻化石"的石油伸出魔掌，这些化石已在地下深处隐藏了数亿年。这些碳被挖出来活动，因此二氧化碳就会增加。煤炭和石油都曾经是被植物固定下来的碳，就算想再把它们吸收回去，当时的那些植物都已经不在了。大气中的二氧化碳开始增加是势不可挡的。

全球变暖造成的"醉汉森林"

2022 年大气二氧化碳浓度为 413ppm，这意味着每 1 升空气中含有 413 微升的二氧化碳。从百分比来看约为 0.04%，而氮和氧的浓度分别为 78% 和 21%，相较下相当小。

然而，这种微量气体却不容小觑。尽管目前大气中二氧化碳的浓度还不到 5 亿年前的十分之一，但目前每 10 年都在增加约 2ppm。与 1750 年的 278ppm 相比，现在这个水平要高得多。研究认为，近年全球变暖的主因是由于工业革命以来温室气体（二氧化碳、甲烷、一氧化二氮）排放量的增加。

如果追溯能源的历史，自古使用的是木材燃料，当木材变得稀缺时，煤炭就被用来支撑英国的霸权。当美国成功开采石油，能源的主要来源就从煤炭转向石油，美国也将接管霸权。中东石油产区的主导权争夺战、美国因页岩气革命而重新掌权、生物燃料和粮食需求之间的竞争导致谷物价格飞涨……在能源撼动世界的同时，二氧化碳浓度持续稳定上升。

我们很难感受到看不见的微量气体浓度正在上升，但北极的冰层持续缩小，如果全球变暖再持续个数十年，冰层就会消失。海洋之后是陆地。全球变暖在北极地区尤其迅速，在"醉汉森林"绵延的加拿大北部伊努维克，过去 50 年平均气温就上升了 3.5 摄氏度（全球平均气温在过去 100 年上升约 0.7 摄氏度）。

　　土壤中的大量冰在夏季融化，冬季又重新结冰，导致凹凸不平的地面比以往更加隆起，黑云杉因此倾斜。为了矫正倾斜，黑云杉用木质素加固，结果导致年轮严重扭曲。目前虽然还勉强挺着，但如果全球变暖持续下去，不平坦表面的永久冻土将会消失。当这里变成一片沼泽时，"醉汉"黑云杉就站不住脚，长醉不起了（图 4-1）。

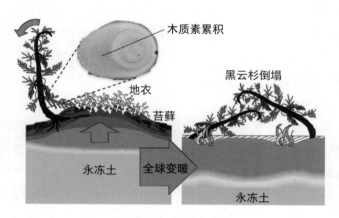

木质素累积

黑云杉倒塌

地衣

苔藓

永冻土　　全球变暖

永冻土

图 4-1　全球变暖对"醉汉森林"的影响

　　已经适应了永冻土的黑云杉，无法与快速生长的白云杉、耐湿地的禾本科草本植物和桦树竞争，也会因此消失。由于能源消耗增加而导致的全球变暖正在改变土壤，整个生态系统也可能会因此改变。

全球变暖与土壤的连锁反应

气候变迁不仅改变了土壤，土壤也会改变气候。这在 3.5 亿年前泥炭堆积导致的全球寒冷的案例中得到证明。不仅仅是泥炭，目前在 1 米深度的土壤所累积的碳（腐殖质和碳酸钙）是大气中碳的 2 倍，更是植物体的 3 倍。土壤是陆地上最大的碳储存库，有助于维持大气二氧化碳浓度的稳定。如果土壤中腐殖质和碳酸钙中所含的碳全部释放到大气中，就会导致二氧化碳浓度直接增加 3 倍。

虽然这种不切实际的估算只不过是一种理论，但最初哪怕只有轻微的变暖，微生物也会因此变得活跃，休眠了数千年的腐殖质因此被分解，大气中的二氧化碳也随之增加，从而进一步加剧全球变暖，这有如滚雪球般的恶性循环正是需要忧心的。森林火灾也在增加，泥炭正在燃烧。尽管全球变暖预测包括土壤在内还存在许多不确定因素，但毫无疑问，二氧化碳浓度上升正在增加未来气候变迁的风险。

我们对化石燃料的依赖是导致二氧化碳含量增加的一个确定因素，但要人们改变现在便利的生活方式却不那么容易。不断在寻求能源的近现代日本，其过往就非常具有象征意义。

缺乏石油、煤炭等地下资源的日本，到处寻找能源，其后在石油危机中，认为核电是可依赖、具有保障的能源之一。但正如在东日本大地震后的福岛第一核电厂事故中所经历的那样，本应能够操纵能源的人类却受到它无情的摆布。而土壤总是在承受这一切。

化为电力的热带雨林

自工业革命以来，煤炭这个"黑钻石"长期支撑着能源供应。煤炭是从古老的泥炭土变成化石的，可作为火力发电的燃料为我们提供电力。在日本，石狩煤田和筑丰煤田在第二次世界大战期间蓬勃发展，不过在转向石油能源后日薄西山。但是，为何煤炭的消费量目前还不减反增？其原因是廉价煤炭的进口成为可能，而全球最大的煤炭出口国是印度尼西亚。

婆罗洲的热带雨林两旁都是为非法采伐而兴建的森林道路。一些被砍伐殆尽的森林道路，也被重新整备为主路规模。当看到那些路上无数卡车勤奋地全速驶过时，简直不敢相信自己的眼睛，"这里真的是印度尼西亚吗？"

跟着卡车到达一片广阔的煤矿开采场地（图4-2）。这里采用的是露天采矿，透过从地表刮掉整座山脉来开采地层。如果挖几米到几十米，就会到达煤层，用挖土机就可以轻松开采。过去日本的煤田还要在山中横向挖掘（坑道）并费尽九牛二虎之力开采，与印度尼西亚的这种模式根本无法比拟。印度尼西亚的煤炭之所以便宜，就是因为劳动成本低廉且露天开采。被削刻过的大地只剩下一片荒凉、光秃秃的土地。

许多存在了数千万年的龙脑香热带雨林都因火灾和砍伐而消失，并转变为次生林、田野和草原。然而，曾经的煤矿开采地却不同，变得寸草不生。

原因仍旧是土壤酸性化。煤中所含的硫（黄铁矿，FeS_2）氧化后会变成强酸性的硫酸，结果原本pH值为4的酸性土壤变成了pH值为2的强酸性土壤。黄铁矿是在远古形成泥炭土的缺氧条件下，硫酸根离子转为还原状态，硫磺和铁结合而成。pH值下降2表示酸度增加了100倍。有毒的铝和铁离子开始被析出，

图 4-2　曾经的煤矿开采地（印度尼西亚）。黑色的就是煤炭；强酸性池水含有硫酸

导致植物枯萎。日本现在的用电与印度尼西亚的土壤退化是密不可分的，这就是资本主义可怕的地方。

为土壤退化付出代价

煤矿开采区是一个极端的例子，但土地一旦被破坏，要恢复以往的热带雨林就需要很长的时间。当森林自然恢复时，打头阵的是快速生长的血桐树（*Macaranga*，大戟科）在婆罗洲出现。血桐树是一种蚂蚁植物，与蚂蚁建立了 2000 万年之久的共生关系，它的大叶子可以保护蚂蚁免受害虫侵扰。

血桐树种子被鸟类吃掉并以粪便形式排出时就会发芽。然而，种子很难撒在没有鸟类栖息地的不毛之地上，因此很难扩展到以前的煤矿开采地。对于天然的龙脑香属树种来说更加困难，因为它不仅需要植物，还需要有建立共生的外生菌根真菌配合。

重新造林计划也在实施中，但大多数情况都失败了，土地又变回了荒地。许多生物能折腾过来的是 pH 值为 4 左右的"酸性土壤"，但在 pH 值为 2 的土壤中连存活都没办法。即使短暂中和土壤酸性，也会很快就故态复萌。"生态系统一旦丧失，就很难恢复"这句话的背后，是生物经过数千万年所培育出的硬道理。

在造林的研究人员想要放弃尝试的土地上，最初生长出来的是蕨类植物。5 亿年的地球历史告诉我们，蕨类植物是坚韧的。蕨类植物会用落叶形成几十厘米到一米厚的地垫。在急于造林之前，必须等待表土被蕨类植物恢复。

当看到露天开采的煤矿景象时，可能会觉得这种行为实在是短视近利。但这些卡车正前往世界各个地方。要冠冕堂皇地指摘说"这是对环境的破坏，应该即刻停止"看似容易（实际上也许需要很大的勇气），但除非能提出有效的替代产业，否则终究都在拆东墙补西墙。

虽然有规定采矿后应归还原来的表土，但很少有人遵守这项规定。当地面被翻土颠覆时，古老的地表就会露出来，而底层的土壤没有有机质或养分。在北海道大规模开发农田时，通过一种被称为"表土处理"的土木技术来维持肥沃度，即地面翻土后，将原始表土保留下来并重新铺到表面。露天煤矿开采后，也需要这样的"表土处理"。只有这样，蕨类植物的复苏和造林才有可能。想当然耳，成本和电费都会随之上涨。每次电价上涨大家都感到厌烦，但事实是真正该负担的能源价格应该要更高。目前，这些代价都是在酸性土壤和周围高酸性湖泊中游泳和玩耍的孩子们在为我们偿还。

外资和大企业的快速前进的洪流是无法抵挡的。井上阳水的歌曲《最后的新闻》（1989 年）对消耗核能和石油的文明状态提出了疑问，煤炭也是如此。准备好要支付恢复煤矿开采地恢复表土的费用了吗？如果我们不愿意明确地面对这个问题，经济学的竞争原则就会导致世界各地的不毛之地不断扩大。虽然大家都在期望等到再生能源的技术创新，但问题的本质仍然是一样的，正如为了在陡坡上铺设大型太阳能发电板而砍伐森林的现状。我们如何与能源相处不仅会影响气候，还会影响土壤的未来。

亲子两代证明的酸雨灾害

除了全球变暖外，煤炭还有另一个影响，就是著名的酸雨。

煤的主要成分是碳，但根据泥炭土形成的地点和时间，也可能含有硫磺。富含硫磺的煤炭燃烧时会产生硫酸，硫酸溶解在雨水中就形成酸雨。北欧和东欧的针叶林首当其冲。

2 亿年前，针叶树席卷全球，但它们被被子植物篡位，逃往北方森林。只要能够克服寒冷天气和酸性土壤的问题，针叶树就可以在不与其他植物竞争的情况下获得一席之地。它们从冰河时期幸存下来，并在北方森林中找到了避风港。然而，在 20 世纪 60 年代，以北欧和德国黑森林地区为中心，开始出现树木枯死的报道。

土壤酸性化被怀疑是原因之一。人们推测，酸雨让土壤变成酸性。由于工业革命期间煤炭燃烧的增加，硫酸溶解在雨水中，让 pH 值变为 4.6。自然状态下的雨水 pH 值为 5.6，因此氢离子浓度是它的 10 倍。如果有人主张酸雨使土壤呈酸性，我认为这个观点非常有说服力。

然而，还有一个大问题存在。在酸雨发生之前，欧洲针叶林的土壤就已呈现天然酸性，因此无法得出土壤是因为酸雨而变成酸性的结论。针叶树会积极地使土壤变得更加酸性，最好的例子就是灰化土——植物和微生物为了获取养分而释放酸性物质，而矿物质和土壤提供的钙和其他物质可以中和酸性物质。虽然土壤逐渐变酸，但在酸性土壤中仍保持平衡。这是生物的行为，与酸雨无关。

瑞典的塔姆父子因解决这个问题并科学地证明酸雨的影响而闻名。他们父子两代调查了酸雨对土壤的影响。1927 年，父亲塔姆检查了土壤的 pH 值；57 年后，也就是 1984 年，儿子塔姆也到了同一个地方检查了土壤的 pH 值。虽说是儿子，但当时也年事已高。然而，秉着对父母的孝心，儿子再次对土壤进行分析，发现 57 年来土壤因酸雨而变成酸性。针叶林本身会使土壤呈酸性，但事实证明酸雨会使土壤变得更加酸性。原本在冰川侵蚀后的土地上（冰川沉积物）所形成的土壤就几乎没有能够中和钙和其他物质的成分，自然也没有余裕中和来自外部的酸。

顺便说一句，在日本很难期待做出类似的成果。这并不是因为没有孝顺父母的儿子，而是因为富含火山灰的土壤中有丰富的铁、铝、镁等元素，有助于中和酸性。用大约 100 年左右程度的酸雨，是无法检测到土壤 pH 值下降的。

进口木材的森林大国

森林的日本史

木材有望成为一种可以取代煤炭的能源，作为应对全球变暖的措施。如果通过燃烧木材而不是化石燃料来提取能源，并且二氧化碳被森林重新吸收，那么二氧化碳排放量将为零（碳中和）。该技术将为实现二氧化碳低排放的脱碳社会做出贡献，听起来虽然很棒，但仍有两个问题——用于生物质发电燃料的木材大多来自国外，以及森林砍伐也伴随着土壤退化的风险。

当我们邀请印度尼西亚的合作研究者来日本时，他们很诧异："就算不去印度尼西亚，日本这不也有木材和土壤吗？"在印度尼西亚的民众看来，大量购买龙脑香木材的日本商人的行为原则以及我将土壤视若珍宝带回日本的"可疑"行为，都很不可思议。

茂密的绿色森林和松软的土壤对日本人来说是习以为常的光景，但回顾历史，自从人类开始接触森林以来，从未有过像现在这样茂密的森林。日本森林覆盖率达7成，其中有一半是人造林，而人造林有一半是杉树林。

柳杉是一种多产植物，每棵树都能产生数百亿个花粉粒。每公顷柳杉的人造林每年产生的花粉量可达数百千克，在风中起舞。花粉症令人难以忍受的眼泪和流鼻涕，其罪魁祸首就常被视为是柳杉——但它本该是深受日本喜爱的稀有树种。虽然它是73万年前就在日本传播开来的大前辈，但如今的天然森林仅剩下秋田杉、立山杉（富山县）、北山杉（京都府）、屋久杉等少数。为什么柳杉会沦为人造林呢？答案就在沼泽的沉积物中。

沼泽底部的沉积物按照从老到新的顺序堆积。植物花粉也按时间顺序被困在其中，让我们得以了解森林过去的样子。根据使用这类花粉的多项研究指出，自绳文时代以来，照叶森林（栲树和青刚栎）在纪伊山地中广泛存在，现今在陡峭的山坡和悬崖边缘仍能看到它们的身影。然而，距今约500年前，森林发生了变化。随着照叶林的减少，柳杉开始增加。那是在安土桃山时代，织田信长和丰臣秀吉正以富丽堂皇的城堡展示他们的权势。

建造伏见城和大阪城需要大量木材，等待植被自然恢复已经入不敷出，所以开始了造林计划。这就是吉野地区（奈良县南部）和熊野地区（和歌山县南部和三重县南部）林业的开端。纪伊半岛南部的年降雨量高达4000毫米。此处温暖、潮湿的条件加上酸性土壤，比起农作物更适合柳杉的生产。

之所以仰赖远离京都、大阪的吉野、熊野地区，是因为畿内地区已经没有森林的腹地了。日本的建筑历史是由森林资源塑造（或牺牲）而来的，其中最具象征性的就是法隆寺（建于607年），是世界上现存最古老的木造建筑。还有为了建造奈良大佛殿，而将田上山（滋贺县）剃成光头（秃山）的逸话也是。

由于飞鸟时代、奈良时代、平安时代的多次迁都，畿内地区的森林被砍伐殆尽，土地成为一片废墟。这反映在天武天皇颁布禁止砍伐飞鸟川源头森林的敕令（676年），以及《古今和歌集》中咏唱有关飞鸟川泛滥的诗："敢问人世间，恒常不变何处寻，犹如飞鸟川，昨日仍为渊薮处，今日化急流飞湍。"这表达了森林砍伐造成的秃山数量增加，降低了土壤的持水能力，导致洪水和山崩的风险增加。

热带雨林的减少与花粉症的增加

纵观日本历史，对木材的需求不断上升，甚至使用了远离畿内地区的吉野和熊野地区的木材。江户时代中期的绘画中，描绘了吉野地区的光秃秃的山头和熊野地区覆盖着杉树和松树的人造森林。在第二次世界大战期间，大量木材被砍伐以获得燃料，日本各地的森林被砍伐成光秃秃的山脉。战后重建又增加了对木材的需求，并推行"扩大造林"政策（20 世纪 50—70 年代），种植生长快速的柳杉和扁柏。这就是景致中人造杉树林环绕的原因，也是花粉症的成因之一。

采伐一棵柳杉需要 50 年的时间，当初种植的柳杉木材可以出售时，早就人事全非。随着外国木材进口自由化（1964 年），改为开始从东南亚进口大量木材。结果，一株柳杉木材的价格下跌到原本的六分之一。在地势陡峭导致作业困难的日本，伐木成本昂贵，无法与廉价的外国木材竞争。到 2000 年，木材自给率降至 2 成不到。尽管前人努力造林，土地荒废、水土流失、山崩等问题却层出不穷。木材受惠于进口，热带雨林就因此减少。开发至荒凉的热带雨林和乏人问津的人造杉树林（以及我的花粉症），就如同一枚硬币的两面。

而后，风向开始逐渐改变。2018 年，日本的木材自给率已恢复至 4 成左右（图 4-3）。国家政策正在推广使用国产木材，越来越多的一次性筷子和影印纸被贴上"由间伐材①制成"的标签，而作为再生能源将木材用于生物质发电的形式也增加了。除了妥善利用剩余的森林资源，目前别无他法。

---

① 人造林树木间的间距较密，为了维持树木间足够的间距，使树木获得足够的阳光和发展空间而伐除的树木。

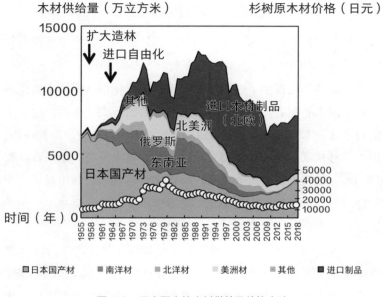

图 4-3 日本国内的木材供给及价格变动

　　此外，由于近年来全球木材价格正在上涨（木材冲击），森林的利用理应受到欢迎，但其实也存在问题。人口老龄化、山坡陡峭、水蛭蚊虫大量存在、GPS 和智能手机信号接收不良、无人机飞行困难等不利条件阻碍了林业技术的创新，木材供应能力一时间也难以提升。

　　如果高效的林业成为可能并有利可图，山脉很快就会恢复成光秃秃一片。当人们意识到有机肥可以有效耕种稻田后，森林就被耗尽，直到变成草山和秃山。历史已经证明了日本人民的勤勉性格，但资源并非取之不尽、用之不竭。且与农作物不同，树木生长缓慢。在没有植被保护的陡坡上，土壤容易被冲走，导致森林难以再生。

活用森林的再生能力

利用森林通常意味着砍伐森林。到目前为止，本书还没有将"砍伐"一词用在褒义。在美索不达米亚等古代文明的兴衰过程中，上游的森林为培育中下游的沃土发挥了重要作用，但树木砍伐却加剧了洪水和泥石流，有着导致文明衰落的历史。然而，这并不能否定砍伐本身的行为。如果放任不管，天然森林也许能够维持，但人造林从砍伐到种植都需要通过森林管理来维持。如果森林管理不当，就有森林荒废的风险；但如果管理得当，利用森林资源的同时还能"耕耘土壤"。正如第二章所介绍的，森林不仅由土壤滋养，也会创造土壤。

那我们该如何管理人造林呢？木材采伐有两种方式：皆伐（全面性砍伐）和择伐（选择性采伐）。在森林作业上，择伐效率很低；皆伐的效率虽高，但由于地表会暴露在阳光、风吹雨打下，土壤会因侵蚀而流失。

在皆伐的情况下，土壤变得过度酸性的风险不容忽视。柳杉会从土壤中吸收大量的钙，如果木材被移除，钙等养分就会从土壤和生态系统中流失。当暴露在阳光直射下时，土壤中的有机物分解会产生硝酸。在海外已经有一些论文警告说，这些土壤正变得越来越酸性，就像农田一样。事实上，森林本来就是难以再生的环境。

然而，柳杉对酸性土壤的耐性并不差。此外，就日本而言，即使砍伐的木材被移除，也可以从新鲜的岩石和含有火山灰的土壤中获得新的钙供应。"酸性化"就是树木获取养分的策略，它会促进岩石的风化，并通过再造林的树木提供的有机物（植物遗骸）以及风化产生的黏土和沙子来重建土壤。砍伐及造林都能促进森林的新陈代谢，有可能实现最大限度地发挥土地生产能力

（土壤的养分供给能力）的林业。

　　我曾在"林业圣地"纪伊山地和"世界遗产"熊野古道（和歌山县）附近进行研究。我们会实际进行皆伐和择伐，调查森林管理方式对土壤的影响。当我挖土的时候，偶有游客会用怀疑的眼光打量我，有时甚至骂我破坏了宁静美丽的气氛。而我也都会借此机会教育，解释"作为世界遗产的熊野古道是一个饱含长期营造的林业文化的景观，需要进行研究以检验森林的永续利用"。

　　艰苦的工作是值得的，因为从研究发现，在灌木丛和低矮植物（如蕨类植物）茂盛的人造杉树林中，即使采用皆伐，土壤退化的程度也很小。皆伐后，将非木材的枝叶送回采伐区，就可以防止土壤过度酸性化，同时有策略地放置多余的木材也可以减少水土流失。每年生产的木材（如果将整个森林比喻为储蓄，这就相当于利息）如果有系统地采伐，并种植新的树苗，就能传宗接代。当漫步在人造杉树林环绕的熊野古道时，希望你能对那些风尘仆仆的研究人员闭一只眼，睁一只眼欣赏绵延不断的林业所走来的道路。

氮泛滥的日本

牛奶与粪尿的大量生产

仅靠能量无法果腹。让我们将话题转移到早餐的牛奶、黄油和芝士。

从国际竞争力方面来看，酪农是日本农业的资优生。利用其食品安全性高的优势，还可以出口到周边国家。牛奶是液态的，很重，所以通常将其脱水并作为脱脂奶粉和黄油出口，然后再次与水混合制成加工奶，但就算直接作为牛奶出口也有利可图。

然而，从环境保护和土壤的角度来看，日本牛奶是一位差等生。70％以上的牛饲料需要依赖进口。如果看一下饲料的细项，琳琅满目净是些自给率较低的产品，如牧草、玉米和大豆。日本的饲料生产无法与干旱和热带地区的大规模种植竞争。毕竟，来自干旱地区的牧草和农作物喜欢中性土壤，而在日本，中和酸性土壤需要额外的成品消耗。秉着因地制宜的原则，目前都是大量购买加拿大等干旱地区生产的廉价饲料。

在生产乳制品之前倒还好，但实际情况是很难找到处理牲畜粪便和尿液的地方。加拿大的牛密度为每20公顷一头牛；但在日本，即使在密度较低的北海道，20公顷的土地上也饲养着40头牛（在其他县，20公顷的土地上甚至会饲养多达200头）。而这就会在20公顷土地上，每年产生800多吨的牛粪便和尿液。从物质循环的角度来看，日本是"氮泛滥"的。也就是说，进口饲料的同时也意味着进口氮（图4-4），但想将氮退还给进口国时，

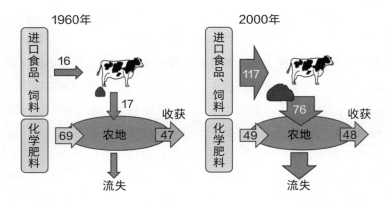

图4-4　日本农地的氮流量（单位：万吨／年）。1960年与2000年的比较

早已都变成粪便和尿液而没人要收。

虽说也可以将粪尿发酵，作为堆肥施用于农田；可与东南亚刀耕火种时当地农业需要投入的肥料很少不同，日本的农地并不存在肥料不足的问题。事实上，真正的问题是没有足够的农田来堆肥。这种情况与日本过去农业的状况正好相反，在江户时代农民手里拿着萝卜四处寻找粪便和尿液；而在明治时期，雇用的德国工程师费斯卡也在感叹牲畜和肥料的贫瘠。

有句话说"过犹不及"，肥料也不是添加越多对土壤就越好。农田可承受的肥料量受到生物体吸收的氮量和土壤吸附量的限制。过量的氮会泄漏到地下水中，并在饮用水方面造成健康风险。早餐所食用的乳制品，与国内外的土壤息息相关。

化学肥料与有机农业之间

不仅存在着处理堆积如山的粪尿的问题，而且饲料依赖进口的状况也没有解决头绪。如前所述，提供饲料的旱地农业受水量

（雨水）的影响很大。在这种情况下，牛奶和黄油的价格和供应可能会受到大洋彼岸饲料作物歉收和运输燃料成本的极大影响。不仅黄油的价格会上涨，而且还要冒着黄油可能某天会从超市消失的风险。从消费者的角度来看，就是粮食安全保障岌岌可危。经历第二次世界大战后成为法国领导人的夏尔·戴高乐（Charles de Gaulle）曾说过："如果一个国家不能实现粮食自给自足，就不能称为独立国家。"这个说法是有点极端，但我们确实需要一个系统来提供国产乳制品的稳定供应。这也包括要解决牛只的粪尿问题。

牛粪堆肥是替代人类粪尿和从山野砍柴铺地的主要现代有机肥料。施用牛粪堆肥不仅具有增加腐殖质、使土壤蓬松的功效，还具有补充化学肥料中没有的微量元素、中和酸性土壤等作用。尽管许多农民选择使用比较不费事的化学肥料，但没有农民不了解堆肥的好处。

使用化学肥料的农业和使用有机肥的农业经常被描述为对立的两者，但原本作为牛粪堆肥主要原料的进口饲料，大部分也是使用化学肥料种植的。真正重要的是，要通过平衡使用各种肥料来保持土壤的健康。

土壤的处方笺也与此相似。在监测土壤营养状况的同时，适量施用速效的有机肥料（鸡粪堆肥、猪粪堆肥等）和化学肥料；长期则施用缓释的有机肥料（牛粪堆肥、树皮堆肥等），促进团粒结构的发育，增加微生物的多样性以防止病原菌的生长。现在的问题是，一些乳牛养殖地区的牛粪堆肥供应过剩，却难以送达需要的地区。对于价格稳定、低廉的农产品来说，施用堆肥的劳动力和运输成本太高。

为了推广堆肥的利用，正在努力将畜牧农户的牛粪堆肥输送给种植芦笋等需要大量堆肥的菜农（耕地与牲畜共同耕种的协作），并出台政策鼓励通过将堆肥制成颗粒来扩大堆肥的使用范围及循环，以降低成本飞涨的化学肥料的利用。无论如何，由于场地面积有限，粪便和尿液处理的问题仍然存在。

　　解决"氮泛滥"问题的唯一方法就是减少饲料进口。如果能利用闲置稻田提高生产国内饲料用米以及稻草饲料的利用，就能提高饲料自给率。为了能继续喝上美味的国产牛奶，又不把田地变成粪尿的工业废物处理场，我们有必要制定规则来限制奶牛的密度，同时消费者也要承担防止氮泛滥所需的成本。

薯片的代价

忌惮棕榈油的红毛猩猩

早餐后，接下来让我们看看点心薯片的背面。在产品背面的成分表中，马铃薯旁边写着"植物油"。其中最典型的是棕榈油，它是从油棕（油椰子）中提取的。有从果肉中提取的棕榈油和从种子中提取的棕榈仁油，但我们在这里不作区分。棕榈油不仅是薯片中植物油的主要原料，也是食用油、人造黄油、厨房清洁剂和一些肥皂等日用品的主要原料。

棕榈油进口的主要来源是印度尼西亚和马来西亚，这两个国家满足了世界上大部分的需求。不幸的是，它不是热带雨林的特产。油棕原产于西非，后被引入并在种植园大规模生产（图4-5）。

2004年，当我开始研究印度尼西亚的热带雨林时，东加里曼丹省当地报纸《东加里邮报》刊登了这样的标题："计划将油棕种植园扩大到1万平方千米！"2004年当时为3000平方千米，

图4-5 油棕种植园和果实（印度尼西亚）

要在 2014 年达到 1 万平方千米，这相当于 5 个东京都市圈。在东加里曼丹省，因伐木和大火而消失的热带雨林中有三分之一都已变成油棕种植园。印度尼西亚的时间观念有些缓慢，但不知为何对这种肆意妄为的开发总是会如期进行。

热带雨林的砍伐和油棕种植园扩张的直接"罪魁祸首"也许是当地农民，但身为幕后操纵者难辞其咎的是包括日本在内的国际市场及我们的厨房。棕榈油工厂收集油棕果并支付现金，这对农民来说是一笔宝贵的现金收入。在工厂，富含油的果实被压榨成棕榈油，并以不同的形式到达厨房。一家厨房洗涤剂公司宣传其产品"对地球和手上的肌肤友好"，而一个环境保护组织则反驳说"红毛猩猩的栖息地将消失"。经过一场轰动性的辩论后，洗涤剂背面的"棕榈油"一词被拿掉，取而代之的是精炼化学物质的名称或模棱两可的"表面活性剂"。当这种情况发生时，就越来越难感受到棕榈油与我们日常生活的联结。

然而，我们的生活与这种棕榈油息息相关，它不只改变了地形，也大大改变了土壤。我连续观察了 10 年的热带雨林，除了保护区外，全部都变成了油棕的种植园。无奈之下，我决定将研究主题从热带雨林转向油棕种植园，进行了为期 1 年的观察。结果发现，每年每公顷施用氮量为 600 千克，是日本普通农田的 6 倍。之所以能施这么多氮肥，还是因为它有利可图。

随着过量的氮肥转化为硝酸，土壤变得越来越酸性。此外，如果高浓度的氮被输送到河流中，它们就超出了"营养丰富"的范围，导致水质污染（水体富营养化）。为了给日本提供"对环境友好"的植物性洗涤剂，也加深了印度尼西亚水源污染的环境问题。

薯片联结

随着日本棕榈油消费量持续上升，印度尼西亚和马来西亚的热带雨林正在转变为油棕种植园。类似的案例在世界各地都存在。在巴西，亚马孙流域的热带雨林和塞拉多（Cerrado，热带草原）被改造为农田，配合玉米和大豆混合饲料来饲养肉牛，并转变成汉堡并进入我们的胃中。

"雨林化身成汉堡"的问题被称为汉堡联结。印度尼西亚和马来西亚的油棕种植园和植物油之间的关系，也应该被称为薯片联结。随着油棕种植园的土壤变得更加酸性，腐殖质被分解并被冲走，土地最终将会荒芜，导致更进一步地砍伐热带雨林。

当然，薯片只是其中一例，且汉堡和薯片并不是"罪魁祸首"。首先，棕榈油并不是薯片中唯一可使用的植物油。以薯片来说，法国采用的是葵花籽油，加拿大则使用菜籽油。肥皂也是，还有许多棕榈油以外的选项可作为主成分。

要重新审视生活方式并不容易，但至少有一些事情可以做到，例如看看超市产品背面的信息，并在厨房里节省使用食用油。

用芳香精油改良土壤

本书虽然介绍了热带雨林衰退的现实，但是回避了有关森林保育的解释，因为这并不容易。当我向当地人解释生物多样性以及雨林在吸收二氧化碳（称为生态系统服务）方面所发挥的作用时，并没有得到太多的共鸣。生态系统服务和联合国可持续发展目标（SDGs）都是发达国家提出的理论，例如我们崇拜的红毛猩猩，在当地有时会被当作破坏农作物的害兽。如果没有比油棕种植园更永续的土地利用计划，热带雨林就无法受到保护。

　　然而，当地也在尝试新的努力，其中之一是芳香精油的生产。

　　当您穿行过天然的热带雨林时，会遇到树干满是伤痕的树木。它是一种常见的热带树种，称为沉香（*Aquilaria*，瑞香科），代表它是一种会发出香味的香木。当细菌和害虫通过伤口侵入时，为了防止伤口扩大，树干内会累积树脂（图4-6）。当它干燥时，就变成了香木。它在当地被称为Gaharu，在阿拉伯地区的许多国家被视为高级芳香精油。日本东大寺正仓院也保存有从中国传来

图4-6　沉香的香木。为了阻止霉菌进入伤口而产生树脂，变成芳香精油

的巨大香木"兰奢待"[①]，织田信长曾被其香气所吸引，留下了两次切取的痕迹。高级香木的交易价格可达每公斤数百万日元。

当人们得知此事后，开始在荒烟蔓草的土地上种植沉香树。由于使用天然树种，因此也无须耗费新的成本。只需再等几十年，森林就会恢复到接近天然森林的样子，深色的土壤也会恢复，是对环境友好的方法。

这只是多方尝试的其中一例。仍有滥砍滥伐的风险，树脂堆积还需等待数十年也是个问题。但是，一旦当地人了解到可以在保护天然林的同时利用它们赚更多的钱，他们就会自己开始种植树木。

油菜田和黑土地的缺点

我们再来看看另一种植物油——菜籽油——的产地。与前者热带雨林的环境天差地远，油菜籽（西洋油菜）生长在半干旱地区。如果前往加拿大萨斯喀彻温省的萨斯卡通，会看到壮丽的乡村景观。萨斯喀彻温省的每户农民要耕种数千公顷土地（平均 722 公顷），而日本的平均耕地面积为 3.2 公顷，就算是北海道也只有 31 公顷。在加拿大和日本，"大规模"似乎完全意味着不同的尺寸。

在这被誉为"世界粮仓"的大草原上长满了麦田和油菜田，

---

① 被誉为"天下第一名香"，长 156 厘米，重 11.6 千克，内部空洞呈不规则状。据史料记载，原属于圣武天皇，名称为"东大寺"，但由于要焚烧被视为不吉利，因此将这三字隐藏为"兰奢待"（兰的繁体字"蘭"的门内、奢的上部、待的右部合并为"东大寺"）。据调查，该香木曾被截取 50 多次使用，其中 3 次的切口附有附上签纸，分别为"足利义政拜赐之处""织田信长拜赐之处""明治十年依勒切之"。

一直延伸到地平线的尽头。它下面是肥沃的土壤，称为黑土。这种土壤富含有机质、钙等养分，呈中性。但此处水分不够，年降雨量仅 400 毫米，是日本的四分之一。植物产量取决于水量（雨水和灌溉水），如果水源管理出现失误，地下水就会上升，钠盐就会被析出，随之而来的就是盐碱化。此外，有些地下水是远古潮湿时期储存的化石水。如果过度使用，地下水枯竭也将成为一个严重的问题。

挤出水的方法是以一种意想不到的方式被发现的，那就是战争（原住民与加拿大政府之间的战争，1885 年）。由于使用农车和马匹运输军需物资，农田被荒废了 1 年。令人惊讶的是，翌年的产量却增加了。由于前一年的雨水被保留在土壤中，让翌年植物的生长情况有所改善。

如果水能储存，沃土就能发挥它的威力，因此要停止 1 年栽种以节约用水。土壤有许多细小的孔隙，水会通过毛细现象（表面张力）被吸附，并克服重力而将水保留在土壤中。土壤所能容纳的水量相当于数百毫米的雨水，并要翻耕表土不让水分被杂草吸收。然后就是等待来年的丰收。这种水分管理技术称为夏季休耕（Summer fallow），是一种突破性的农业方法，在世界各地的旱地中实施。

免耕栽培新技术

夏季休耕在节约用水方面取得了成功，但并非一帆风顺。耕耘土壤会使微生物活跃，并分解土壤中的重要有机物。此外，由于休耕期间农作物覆盖不足，风雨造成的土壤侵蚀更加严重。短短 1 年时间，土壤流失量就达 20 吨，厚度达 2 毫米。如果这种情况持续 50 年，意味着表层 10 厘米的肥沃土壤都将会消失。这片黑土的形成则需要几千年到 1 万年的时间。

　　免耕栽培技术的出现就是为了克服这个困境。避免过度耕耘土壤，并通过将作物残茬（尤其是豆科植物）铺垫表面来保护表土。随着蚯蚓等土壤动物数量的增加，团粒结构得以发展，腐殖质被保留在团聚体内部。到目前为止，田间土壤犹如工厂般一直是二氧化碳的来源，但通过免耕栽培，碳可以以腐殖质的形式被封存。

　　如果我们每年能增加土壤中腐殖质含量的 0.4%，工业部门排放的二氧化碳也能被固定到田间土壤中，借此阻止大气中二氧化碳的上升。这已发展成为一项国际倡议，在第 21 届联合国气候变化大会（COP21）上提出，要通过免耕栽培的促进等增加土壤的碳储量（千分之四倡议）。

　　特别是在北美洲，开发了一种称为化学休耕的新技术。这是一种非常激进的方法，直接喷洒除草剂（草甘膦）来阻止杂草生长。尽管如此，植物残骸仍然可以覆盖地面并防止侵蚀，同时还可抑制土壤温度的上升以减少有机物的分解，从而保护肥沃的表土并减少土壤中二氧化碳气体的释放。

　　此外，种植具有草甘膦耐受性的基因改良油菜和小麦也使杂草的治理变得更加容易。至于基因改良的优缺点就留给其他专业书籍论断，这里只讨论它具有减少土壤侵蚀的价值。很多人可能觉得不过就是土壤侵蚀，但从美索不达米亚和埃及等古文明的历史证明，生产基础的恶化可以导致文明的崩溃，也可能招致战争。

土壤改良的理想与现实

　　免耕栽培目前在北美洲和南美洲广泛运用。在北美洲大草原的黑土地区建立了种植小麦、油菜和玉米，以及在巴西塞拉多的氧化土地区种植大豆、玉米和甘蔗的农业（图 4-7）。这两个大

图 4-7　化学休耕（加拿大，萨斯喀彻温省）（上图）和采用绿肥的免耕栽种
（巴西，马托格罗索州）（下图）

陆的地质年代都很古老，长期侵蚀形成的平坦地形非常适合以免耕栽培为基础的省力、大规模农业。

但是理想与现实是不同的，免耕栽培的推广与农药（除草剂）的使用量成正比。拉坦·拉尔博士是免耕栽培提倡者，他的理想是通过农作物本身含有的驱草物质（化感作用①）以及用作物残茬覆盖表土来控制杂草，这也与自然农耕的理想是一致的。

日本对免耕栽培农业的期望也在提高，但气候、农作物、土壤和地形不同。干旱地区（冬季作物地区）成功的免耕种植不能直接引进到日本。从日本到非洲的夏季种植带，除非对包括田埂在内的整片农田进行犁耕，否则与杂草和疾病的斗争将非常艰难。免耕栽培一词虽然是先出现，但现在已成为大公司主导的标准化农业技术的反义词。坚持不依赖一种模式的农业方法，断然不能成为只剩一种模式。

不仅是免耕栽培，人们还提出了无数的耕作方法来为环境保护做出贡献，而最重要的原则就是尽量减少耕作，并尽可能减少化学肥料和农药对环境的影响。在日本，有容易被风吹走的灰烬土，也有侵蚀较少但排水不良的水田土壤，需要根据每种土壤的特性，找到适合每种田地的最佳解决方案。

过去农田的土壤一直是二氧化碳的来源，从现在开始要每年增加 0.4％ 的腐殖质绝非易事。此外，即使土壤变得肥沃，如果产量下降，生计也将变得不可持续。政府和消费者需要支持为环境保护做出贡献的农民，让防止土壤退化、减缓气候变化和维持生计都可兼得的挑战，不再仅仅是一个理想主义的目标。

---

① 指一种生物产生化学物质并向环境释出，以影响相邻生物生长、生存与繁殖的现象。

口味的喜好改变土

酸性土壤孕育甘甜的茶

让我们再多花一点时间来讨论点心。

土壤也受到我们口味的影响，其中之一就是茶。如果搭乘东海道新干线经过静冈，可以看到茶园和富士山。若用品牌来分，有静冈茶和宇治茶；从种类上来说，有番茶、玄米茶、焙茶、煎茶、玉露，等等。受到中国茶道的影响，日本人也非常爱喝茶。

当啜饮一口茶，便宜的绿茶因甜味剂而尝起来很甜，但昂贵的绿茶则有一种天然、谦和的回甘，这种甘甜味就来自氨基酸。茶叶中含有大量的氨基酸，称为茶氨酸。玉露、冠茶、抹茶等高级茶的氨基酸含量，是普通绿茶的好几倍。

茶氨酸在茶树的根部产生并运输到叶子。当茶叶受到阳光照射时，会变成带有涩味的茶单宁（儿茶素等），因此在采摘前会以遮挡阳光的方式来栽培茶叶。也就是说，制作甘甜的茶需要耗费大量的时间和精力，此外还需要大量氮肥作为成本，因为氮肥就是氨基酸的来源。这就是为什么美味的茶会如此昂贵。

与生产甜美的稻米时使用较少的氮肥相比，为了生产甘甜的茶，施用大量的氮肥给茶树吸收是必要的。每年每公顷的用量可达600千克，这与印度尼西亚油棕种植园的土壤酸性化事例处于同一水平。此处的土壤呈强酸性，当测量其所含水的 pH 值时，其值为3.6。随着追求茶的甘甜的人类口味，土壤也随之发生改变。

与不耐酸性的玉米不同的是，茶树属于山茶科植物，喜欢酸性土壤，因此需要使土壤呈酸性。它与绣球花非常相似，可以通过与柠檬酸结合来解毒有害的铝。若只种植茶叶的话似乎是可行的。

然而，物质是会循环的。过量的氮肥会被土壤微生物（主要是硝化细菌）转化为硝酸。因此茶园土壤流出的水分就含有大量硝酸盐和氢离子，这些土壤中无法完全中和的酸性水最终汇聚到池塘。于是，曾为中性的湖水 pH 值变成了酸性，20 世纪 90 年代甚至出现了鱼类死亡的报道。

为了解决这个问题，目前也正在采取措施进行改善，包括努力在保持口感的同时减少氮肥的用量，并通过在下游地区设置水田来进行净化。下游至水田的氮不仅被水稻植株吸收，也被还原状态的水田土壤微生物（反硝化细菌）转化为氮气。此时氢离子也被消耗掉，于是酸性水恢复到中性。结果，由于水田的存在，污秽可以被过滤掉。不过生产出来的稻米虽然营养丰富，但由于蛋白质过多所以风味欠佳（主要用作饲料米）。在这里味道还是次要的，主要是水田可被用作净化器，这样思维方式的转变缓解了土壤和水质酸性化问题。

市场撼动的土壤

用于种植水果和其他经济作物的土壤也受到市场的支配。例如印度尼西亚就正处于这股动荡之中。

印度尼西亚的婆罗洲岛位于赤道之上，由于资源丰富，一直是列强帝国主义的殖民目标，其政治、经济、土壤都受到摆布。最初，生活在热带雨林中的原住民是达雅族人，通过小规模刀耕火种的方式种植旱稻。后来，印度尼西亚国内的移民政策，将全国各地的农民带到此处开垦。来自爪哇岛的移民开始了传统的水稻种植，但并不像在爪哇岛那里同样成功。原因之一是婆罗洲没有能稳定供应灌溉水的渠道，无法克服酸性土壤。

　　农民大规模砍伐、焚烧热带雨林，实行连续耕种而非刀耕火种。这是因为仅靠刀耕火种的耕作方式不足以支撑不断增加的人口，但荒凉的热带雨林也变得更容易遭受灾害。终于，1982—1998 年间就发生了两次大规模山火，光是东加里曼丹省就烧毁了350 万公顷热带雨林。郁郁苍苍的热带雨林消失无踪，整个区域取而代之的是白茅草原（印度尼西亚语称为 Alang-Alang）（图 4-8，左图）。枯槁的龙脑香树干犹如热带雨林的墓碑般林立。

图 4-8　白茅草原和陈列在商店的地下根茎（印度尼西亚）

　　灰烬中的旷野很快又绿意盎然。然而，它并没有回归森林，而是变成了农田。当农民听说胡椒有利可图时，立即连接起东加里曼丹省两个大城市巴厘巴板和三马林达主干道周围的田地，开始种植胡椒（图 4-9）。继胡椒之后，种植了香蕉，然后是耐酸性强的菠萝，其后是仙人掌科的火龙果，再来就是前面说过的油棕种植园的扩张。这些明显的转变都发生在 21 世纪初的短短十

图 4-9 造成土壤侵蚀问题的胡椒田（印度尼西亚）

余年里。

　　能深刻感受到当地农民在与酸性土壤奋斗的过程中不断摸索、试错的坚毅，但这不是个值得无忧无虑、感动落泪的状况。这里的人们正不断转向种植那些即使在劣化的土壤中也能生长的作物。贫穷迫使农民寻求短期现金收入，无论是土壤或经济都没有得以缓冲的余地。

　　要指责资本和大公司非常容易，但隐藏在背后却是发展中国家寻求财富的生产者，以及寻求廉价和便利的发达国家消费者。环境问题是人类造成的问题，土壤退化就像一面镜子，反映出我们的生活形态。我们需要在日常生活和土壤中寻找解决方案。

　　这一节讲述了城市的发展和市场的存在是如何与土壤发生作用的，但不能把一切归咎于市场。城市的发展所带来的收益也给了农民更多的选择，例如将赚来的钱拿来购买石灰和磷肥来弥补土壤养分的流失。在印度尼西亚，曾经被认为是不毛之地的白茅草原，其根茎现正作为保健食品在城市出售（图 4-8，右图）。

　　与传统的森林休耕不同，透过"白茅草原休耕"和"芳香精油林休耕"，不只可以等待肥沃的腐殖质积累起来，还可出售地下根茎和芳香精油来赚取现金，这些新兴的土壤肥沃度恢复计划都扩展了人们不同的选择。由于土壤酸性化与潮湿的气候条件和农作物的砍伐有关，因此要完全阻止它并不容易，但可以试着配合环境。全新的农业体系已经开始建构，以适应不断变化的社会环境。

纳豆米饭和稻田土壤

守护梯田和泥鳅

差不多该来谈谈主食了。早餐吃面包，午餐吃面条，晚餐吃米饭，很多人的饮食习惯可能都是如此。虽然维持着奇妙的杂食性，但我这人总会有每天最少要吃 1 次米饭的感觉。大家都理所当然地认为，日本人从弥生时代开始认真种植水稻起，就是纯粹以稻米为主食的民族，但正如"五谷丰登"这句话所表明的，光靠稻米并不足以维生，还有小麦、豆类、稗、小米等其他杂粮一起作为主食。

在经济快速成长期之后，日本人才能够尽情吃上米饭。米饭管饱，这其实是非常近代的事。在 20 世纪 60 年代，人们每天会吃 5 碗现代人觉得超难吃的高蛋白米饭。然而，其后米饭的需求却每年减少 10 万吨，跌破 700 万吨，目前大约是每天 2 碗。

由于消费量下降，导致稻米过剩，于是开始实施减产政策。这是自水稻种植传入以来，日本以水稻为基础的社会结构发生了改变。

过去，人们甚至会建造梯田来收割稻米。梯田的耕作远比平原的水田耕作困难得多。不过，梯田风景优美，且山区昼夜温差大，种出来的稻米味道鲜美。同时，它在防灾中所发挥的效益也是不可忽视的。梯田存续的问题之一，是这些辛苦生产出来的稻米太便宜了。

尽管面临如此困境，仍有农民在继续创新。在京都府宫津市的松尾地区，就有可俯瞰天桥立的梯田。这是一个现代化的梯田，拥有整备良好的田地并投入机械的使用。在这里，水田上覆盖着"纸地膜"，将水稻种植在纸上的洞中，以抑制杂草的早期生长，实行不使用除草剂的耕作。虽然不是说这样就不用再辛苦除杂草了，但至少泥鳅已经重新回到了附近的沟渠。

　　稻田过去被认为是丰水期产生甲烷的一个根源，导致全球变暖；而塑料的覆盖肥料（覆盖着薄薄的塑料，当外膜因紫外线而破裂时会缓慢释放肥料）也是海洋中的微塑料污染来源。为了抑制甲烷的产生，需要延长降水时间并勤施肥料。同时，作为环保农业和梯田独特风味的附加价值，也开始与食醋、白酒业者签约栽种。现实情况来说，"积极进取的农业"所需的附加价值需要"守护"，而"守护"则需要田间的艰苦劳动。

延续数千年的水田土壤魅力

　　另一方面，许多生产效率低的丘陵山区的水田正在变成杂草、荒木丛生的废弃田地。如果去山区，常常会看到废弃的梯田变成荒烟蔓草（图4-10）。目前，日本的废弃农地面积约有40万公顷（约相当于富山县的面积）。日本历经过去2000年不断扩大稻田的历史，但现在正处于一个转折点。

　　可能会有观点认为，等有需要时再将其回归为稻田即可。但辛辛苦苦耕种出的肥沃土壤，在被遗弃时其地下状态就会迅速劣化。当用于积蓄水分的灌溉层出现空洞，且灌溉水的钙供应被切断时，这些土壤就会像其他日本的土壤一样变成酸性。即使未来想再使用，恢复生产环境所需的成本也不小。

　　应该也有观点认为，针对日本国内稻米需求下降，日本可以通过巩固和扩大生产效率高的稻田规模，以出口稻米来竞争。诚

图 4-10 丸山千枚田（上图）和废弃农田（下图）

然，稻米出口量正在增加，但相比于每年稻米进口量（主要用于储备）为 77 万吨，出口量仅为 4 万吨。还有一个问题是，日本人喜欢的有嚼劲的米饭质地是否符合海外各地米饭的饮食文化和口味呢？目前，仅有恢复日本国内稻米的消费量，才是保护稻作及水田土壤的快捷方式。

稻作具有旱田无法达到的可持续性，在日本过去 2000 年来保持稳定的年收成。也许小麦可以取代水稻种植，但小麦等许多作物都更喜欢旱地，这使得日本难以稳定发展产量和质量。另一方面，稻米每年每公顷可收获 5 吨，这样的回馈率确实惊人（相较之下，小麦为 3 吨）。2000 多年来形成高度可持续的水田土壤，其存续与否不仅取决于目前仅占日本全国人口 1% 的农民的技能，还取决于每个日本人的胃口。

陷入苦战的大豆栽培

如果我们试图恢复稻米消费，那也还需要味噌汤和纳豆或大豆来搭配米饭。日本为数不多的稻米产地之一是富山平原，过去每到 8 月，一望无际尽是黄绿色的水田。但这已成为过去式，它的外观已发生变化。当从飞机上俯瞰时，可以看到黄绿色和深绿色的拼贴画作——黄绿色区域是稻田，深绿色区域是大豆田。我们饮食习惯的改变正在改变景观。

并不是说主食正在从米饭变成纳豆。为了改善日本自给率低的困境，国家正在推动将稻田转大豆田。大豆是我们日常生活中不可或缺的作物，从味噌、酱油、纳豆到豆腐，大豆无所不包。尽管有这样的支持，大豆自给率仍不足 10%。虽然有许多产品都使用国产大豆，但目前对国外大豆的依赖程度仍较高，占产品的90% 以上。毛豆是下啤酒的必备小吃，而毛豆其实就是大豆。虽然不广为人知，但居酒屋供应的毛豆大多是海外生产的。

大豆作物的改变将使我们能够以更低廉的价格吃到日本国产纳豆，这令我喜不自胜。但当我环顾大豆田时，却惊讶地发现有许多大豆田的状态不佳。通过补贴将稻田改造成大豆田的例子很多，但原先的水田区域却不适合种植大豆。日本农业的发展特色就是单位面积产量高，但唯有大豆的产量仍低于世界平均水平。

主要原因是过去曾为水田的用地排水不良，而大豆并不适合在过于潮湿的环境下生长（图 4-11）。

即使在田地改种大豆后的第 1 年生长苗壮，但到第 2 年及以后就会因病害而产量下降。大豆偏好中性左右的土壤，但它们却会使土壤越来越酸。在压力大的环境下，也使它们容易受到病虫害的侵扰。田间开始出现一种叫作连作障碍的问题，这在过去水田种植稻作时是前所未有的。

活用大豆的根部

既然日本有着悠久的大豆文化，为何仍在发展上陷入苦战呢？这就涉及大豆的"根"了。

大豆所属的豆科植物具有在营养贫瘠的土壤中生存的特殊能力。这是得益于豆科植物与称为根瘤菌的细菌共生。根瘤菌是一种单细胞细菌，可将氮气转化为氨（图 4-12）。与哈伯—博施法相同，其"氮肥"生产是由单细胞生物的酵素（固氮酶）进行的。人类仅在 100 年前才发明的技术，豆类通过与根瘤菌的共生系统，早在 6600 万年前恐龙灭绝的时候就已获得。

大豆根部也有根瘤细菌共生。大豆被称为"田里的肉"，需要大量的氮来制造蛋白质，不过其中有超过一半的氮是由身为"中介从业者"根瘤菌提供的。然而，共生关系是严峻的。生产氮肥

图 4-11 不同排水条件下大豆田的生长差异（村田资治供图）

图 4-12　三叶草（豆科植物）的根瘤。有根瘤菌活跃的部分呈红色

需要大量的能量，因此共生大豆必须勤奋地进行光合作用，为根瘤菌提供糖分。感觉就像在上缴薪水，大豆和根瘤菌之间的关系某种程度上就像人类冰冷的契约关系。

这项特性在农业上也有缺点。原因是，如果人类施用过多的氮肥，根瘤菌将无法正常发挥作用。身为中介从业者的根瘤菌会很不高兴，兴师问罪道："不需要我了吗？"由于根瘤菌扭曲的性格而产生了一个难题，即在过去营养丰富的前水稻种植地，反而可能对大豆来说是难以生长的环境。

大豆即使在营养贫瘠的土壤中也能生长，其固氮作用会增加土壤中的氮含量。在没有化肥的年代，种植大豆成为恢复土壤肥力的王牌。这种效果在被宫泽贤治称为"荒土（问题土壤）"的火山灰土壤（灰烬土）中特别显著。

环顾日本的地名，火山灰土壤较多的东日本带有"豆"字的地名就比适合水田的西日本要多（例如，福岛县会津若松市的大豆田、茨城县筑波市的大角豆等地）。这被认为是由于许多豆类能自然生长或被种植在其他作物难以栽种的火山灰土壤中。

由于化学肥料的作用，现在灰烬土变得肥沃，种植大豆以代替蔬菜（例如菠菜）已经没有吸引力了。这是因为蔬菜的售价较高。另一方面，也没有足够多的利益来预先投资设备以改善先前水田用地的排水，毕竟它们无法与低价的进口大豆竞争。

如果想吃日本国产纳豆配米饭，就需要在适合种植的灰烬土上认真生产大豆，也需要消费者支持（购买）该产品。农民和政府对国产纳豆的认真程度以及消费者对纳豆的喜爱程度，目前仍如雾里看花。

当面对可持续发展目标、提高粮食自给率和保障粮食安全这些词汇时，我们常常感到焦虑，思考"我们必须开始一些新的、有影响力的事情"，又或者思考"单凭一己之力能做什么？"并感到无助，但其实只要吃纳豆配米饭，就可以支持生产者和土壤。这是因为生命和土壤是紧密相连的。

土壤照亮的未来：适应和毁灭的分界线

植物工厂与土壤

最后，让我们转到娱乐时光的话题。在著名的吉卜力工作室电影《天空之城》的高潮片段，女主角希达有这样一段台词：

根扎于土，随风而生。

与种子度过寒冬，同鸟儿歌颂春天。

……

离开土壤是无法生存的呢。

电影的这段话帮忙履行了原本该由我们研究者所扮演的角色，向大众传达了土壤身为农业和生活的基础的重要性。然而，这也引出了其他问题——人类为什么"离开土就无法生存"呢？对于这略带哲理的问题，本书追踪了土壤的历史，旨在通过物质流动、土壤和生物的系统等方面来回答。

土壤不仅养育着生物，有时也表现出它严酷的一面。土壤常常是限制植物生产的因素。正如宫泽贤治致力于改良酸性土壤的故事所证明的那样，比起植物育种和栽培管理的进步，土壤改良确实要困难得多。

随着技术的进步，在工厂不使用土壤生产农作物已成为可能。这样的植物工厂就像"渡轮"，被视为"未来的农业"。即使不是当季，也可以品尝到干净、无土、无农药的菠菜。听说这些植物工厂每年的利润可达到数亿日元。因此到了最后一章，也许要开始思考："或许我们并不需要土壤？"

与植物工厂相比，种在土壤中的农业其魅力为何？这种差异可以从经济学和生态的角度来诠释。

农业是一项人类活动，旨在以最少的资源投资获取可持续产量的最大化。植物工厂里的植物光照需要能源成本，但室外栽培所需的阳光却不需要任何成本。在植物工厂中循环水耕所需的肥料成分需要花钱，但利用土壤中的微生物回收养分的系统并不需要花钱。多亏了这一点，我们消费者才能买到便宜的米饭。

向 5 亿年的历史学习

植物工厂不是做慈善的，如果不满足经济学效益，就不会经营。虽然不同业务规模会有差异，但建造大型植物工厂的初期投资可能就要高达数亿日元，而且能源和肥料的运作成本也很高。因此植物工厂能生产的也仅限于蔬菜、花卉等高价产品。

而且，还要避开室外种植的旺季。如果要让植物工厂发挥"世界粮仓"的黑土地带和"亚洲粮仓"的水田地带那样规模的小麦和水稻生产，无论有多少工厂和能源都还远远不够。即使真的生产出来了，面包和米饭也会昂贵到令人咋舌。

虽然是用金钱的原则来解释这一点，但无论在经济学或自然界，无端浪费是无法生存的，必须要找到尽可能减少浪费的方法。一个很好的例子就是在地球上生存了数亿年的白蚁和甲虫，其肠道工厂与人类开发的尖端能源生产系统之间有着惊人的相似性。

森林土壤的酸性化有树木获取养分的必要机制，而人类发展起来的粪尿循环利用、刀耕火种农业、水稻种植等，都蕴含需要有效利用自然资源（森林和灌溉水）并克服酸性土壤的智慧。然而现代生活的情况并非如此，由于能源和氮肥超载而导致的全球变暖和土壤退化等问题蜂拥而至。

　　能源和氮肥就像是一把"双刃剑"，带来便利的同时也造成环境问题。如果我们的目标是能源和氮肥两者的高效利用，在此应该要重新审视土壤作为"植物工厂"的效益，因为它不仅有免费的太阳能源，还有最大程度活用的土壤微生物机制。

离开土壤真的就无法生存了吗？

　　我们已经证实，仅靠植物工厂无法满足粮食生产。在我们反复强调土壤重要性的同时，日本的废弃农田面积却不断增加。针对"从可以大规模高效生产的地区进口粮食不就好了吗？"的观点，我们日本人"离开土壤就无法生存"的依据是什么？

　　日本依赖的粮食进口产地多是加拿大、美国、澳大利亚等干旱地区。美索不达米亚文明的历史告诉我们，旱地的灌溉农业有造成盐碱化的风险。粮食进口也意味着进口土壤中的水和养分。粮食进口增加将增加旱地农业负担，加剧盐碱化、沙漠化等土壤退化问题的风险。

　　另一方面，即使在湿地农业中，由于停止了传统养分的循环利用（刀耕火种农业和粪尿循环利用）和过量氮肥的使用，土壤侵蚀和酸性化问题也在加剧。森林和草原下的肥沃土壤是经过数千年至数万年逐渐形成的。我们希望避免对土壤施加太大压力，避免在几百年内将其吃干抹净。越来越多的废弃稻田，让我们不禁要向拥有丰富水源和土壤的日本农业问责。

　　纵观历史，曾经有一段时期，稻米的产量反映了一国诸侯的霸权。淀粉（米）和纤维素（生产生丝的蚕的食物）的生产成为日本的少数产业是发生在近代化的明治时期，距今也不过 100 年前。如果废弃农地数量继续增加，甚至连高产量农地也被废弃，那就不可能再指望有稳定的粮食供应。

在日本战国时代的封建领主体制中，那些诸侯看似都在秣马厉兵，实则是致力于扩展农业的版图，在这之中都蕴含着"农业为立国之本"的道理。国之根本在于农业，农业之本在于土壤。毕竟，"离开土壤就无法生存"。

为明日播种

一句话总结这本书，就是我们所在的今天是一段反复试错的结果，由植物、动物和人类拼命在绝对称不上乐园的土壤中寻求庇护和养分。这个过程被称为"适应"。生物的历史不能用"与自然共存"这样简单的字眼来概括，它是一个争夺土壤和灭绝的循环。我们的生活与这个自然法则也脱不了干系，历史告诉我们，如果不保护土壤，文明就会崩溃。

植物和蘑菇耗费数亿年的时间，才演化出能在酸性土壤中生存的本领。人类与这片脆弱的土壤互动的时间则要短得多，仅有约 1 万年（图 4-13）。当然，仍然会有浪费和失败。就像绣球花通过改变颜色来灵活适应酸性土壤一样，我们人类也希望与土壤维持良好的关系。

随着人口的增长和哈伯—博施法的发明，人类正迅速进入一个未知的阶段。生物进化的速度终究跟不上快速的变化。如果人类能够抵消自己带来的变化，那势必也要通过人类的智慧和技术。在严酷的地球环境中幸存下来的生物以及克服了有问题土壤的先人智慧，照亮了我们可以成功地与土壤互动的未来。

另一方面，也有些东西——例如粪便和尿液——其价值正处于被遗忘的边缘。我们需要减少看似理所当然的浪费，并温故知

图 4-13　地球上已知土壤中最高龄（1000 万岁）的土壤
（美国，弗吉尼亚州）

新。夏目漱石①在日记中写下的文字是永恒的教训。

汝现在播下的种子，最终将成为汝所收获的未来。

　　培育前人播下的种子，同时播种新的种子。这不取决于国家、企业或农民，而是从我们作为稽查员的消费者开始，让我们重新审视我们的餐桌，并关注超市产品的背面信息。

---

① 1867—1916 年，作家、教师、评论家、英文学者，代表作有《我是猫》《哥儿》《心》等，在日本近代文学史上地位崇高，1984—2004 年的 1000 元日币印有其头像。

参考文献

序章

Biological extinction in earth history. Raup D.M. (1986) Science 231:1528-1533

The formation of vegetable mould through the action of worms, with observations on their habits. Darwin C.R. (1881)

Journal of researches into the geology and natural history of the various countries visited by H.M.S. Beagle, under the command of captain Fitzroy,R.N. from 1832 to 1836 by Charles Darwin. Charles D. (1840) Colburn

IGBP-DIS (1998) SoilData (V.0) A program for creating global soil-property databases, IGBP Global Soils Data Task, France.

『土の科学』久馬一剛（2010）ＰＨＰ研究所

『木簡から古代がみえる』木簡学会編（2010）岩波書店

第一章

『植物自然史』戸部博（1994）朝倉書店

Middle to late Paleozoic atmospheric CO2 levels from soil carbonate and organic matter. Mora C. I. et al. (1996) Science 271: 1105-1107

Reading the Rocks. Keiran M. (2003) Red Deer Press

『植生と大気の4億年』Beerling D.J. & Woodward F.I. 及川武久 監訳（2003）京都大学学術出版会

Lignin, land plants, and fungi: biological evolution affecting Phanerozoic oxygen balance. Robinson J.M. (1990) Geology 18: 607-610

The Paleozoic origin of enzymatic lignin decomposition reconstructed from 31 fungal genomes. Floudas et al. (2012) Science 336: 1715-1719

Dinosaur coprolites and the early evolution of grasses and grazers. Prasad V. et al. (2005) Science 310: 1177-1180

Do plants drive podzolization via rock-eating mycorrhizal fungi?　Van Breemen N. et al. (2000) Geoderma 94: 163-171

Rock-eating fungi. Jongmans A.G. et al. (1997) Nature 389: 682-683

Plasticity of pine tree roots to podzolization of boreal sandy soils. Fujii K. et al. (2021) Plant and Soil 464: 209-222

Fossil ectomycorrhizae from the Middle Eocene. LePage B. et al. (1997) American Journal of Botany 84: 410-412

Soil acidification and adaptations of plants and microorganisms in Bornean tropical forests. Fujii K. (2014) Ecological Research 29: 371-381

『生命の宝庫・熱帯雨林』井上民二（1998）日本放送出版協会

Origin and diversification of endomycorrhizal fungi and coincidence with vascular land plants. Simon L. et al. (1993) Nature 363: 67-69

第二章

Mutualism between the carnivorous purple pitcher plant and its inhabitants. Bradshaw W.E. et al. (1984) The American Midland Naturalist 112: 294-304

Insect-fungus interactions. Wilding N. et al.(1989) Academic press

Evolutionary aspects of ant-fungus interactions in leaf-cutting ants. North R.D. et al. (1997) Tree 12: 386-389

High symbiont relatedness stabilizes mutualistic cooperation in fungus-growing termites. Aanen D.K. et al. (2009) Science 326: 1103-1106

Regulation of soil organic matter dynamics and microbial activity in the drilosphere and the role of interactions with other edaphic functional domains. Brown G.G. et al. (2000) European Journal of Soil Biology 36: 177-198

Clostridiaceae and Enterobacteriaceae as active fermenters in earthworm gut content. Wüst P.K. et al. (2011) The ISME Journal 5: 92-106

『微生物の生態学』日本生態学会（2011）共立出版

Physicochemical conditions and microbial activities in the highly alkaline gut of the humus-feeding larva of Pachnoda ephippiata. Lemke T. et al. (2003) Applied and Environmental Microbiology 69: 6650-6658

Evidence from multiple gene sequences indicates that termites evolved from wood-feeding cockroaches. Lo N. et al. (2000) Current Biology 10: 801–804

In vitro digestibility of fern and gymnosperm foliage: implications for sauropod feeding ecology and diet selection. Hummel J. et al. (2008) Proceedings of the Royal Society B 275: 1015–1021

Could methane produced by sauropod dinosaurs have helped drive Mesozoic climate warmth? Wilkinson D.M. et al. (2012) Current Biology 22: 292–293

Tree ring evidence of rapid development of drunken forest induced by permafrost warming. Fujii K. et al. (2022) Global Change Biology

第三章

『土の文明史』デイビッド・モントゴメリー（2010）築地書館

Kilimanjaro ice core records: Evidence of Holocene climate change in Tropical Africa. Thompson L.G. et al. (2002) Science 298: 589–593

『チェンジング・ブルー』大河内直彦（2008）岩波書店

The genesis and collapse of third millennium north Mesopotamian civilization. Weiss H. et al. (1993) Science 261: 995–1004

The early settlement of southern Mesopotamia: a review of recent historical, geological, and archaeological research. Zarins J. (1992) Journal of the American Oriental Society 55–77

Nile River sediment fluctuations over the past 7000 yr and their key role in sapropel development. Krom M.D. et al. (2002) Geology 30: 71–74

「自然環境の変貌―縄文土器文化期における―」江坂輝彌、『第四紀研究』（1972）11: 135–141

『環境考古学への招待』松井章（2005）岩波書店

Feed or feedback. Brown D.A.(2003) International Books

『［図説］人口でみる日本史』鬼頭宏（2007）ＰＨＰ研究所

『縄文遺跡の密度分布』 日本第四紀学会編（1987）

『稲作以前 改訂新版』佐々木高明（2011）洋泉社

『コメを選んだ日本の歴史』原田信男（2006）文藝春秋

Paddy soil science. Kyuma K. (2004) Trans Pacific Pr

『ブナ帯と日本人』市川健夫（1987）講談社

『北斎漫画初編』葛飾北斎（1878）片野東四郎

『北斎漫画二編』葛飾北斎（1878）片野東四郎

『森林の江戸学』徳川林政史研究所 編（2012）東京堂出版

『「地球のからくり」に挑む』大河内直彦（2012）新潮社

「肥料製造技術の系統化」牧野功（2008）、国立科学博物館『技術の系統化調査報告』12: 211-271

『浮世絵でわかる！ 江戸っ子の二十四時間』山本博文 監修（2014）青春出版社

「農業図絵」土屋又三郎 著、『日本農書全集第26巻』（1983）農山漁村文化協会

Inagural address by Sir William Crookes, F.R.S., V.P.C.S., President of the British Association. Crookes W. (1898) Springer Nature 58: 438-448

第四章

Tree ring evidence of rapid development of drunken forest induced by permafrost warming. Fujii K. et al.（2022）Global Change Biology

「日本列島太平洋岸における完新世の照葉樹林発達史」松下まり子、『第四紀研究』（1992）31: 375-387

Effects of clearcutting and girdling on soil respiration and fluxes of dissolved organic carbon and nitrogen in a Japanese cedar plantation. Fujii K. et al.（2021）Forest Ecology and Management 498: 119520

Saskatchewan: Geographic Perspectives. Thraves B.D. et al. (2007) University of Regina Press

Comparison of soil acidification rates under different land uses in Indonesia. Fujii K. et al.（2021）Plant and Soil 465: 1-17

Significant acidification in major Chinese croplands. Guo J.H. et al. (2010) Science 327: 1008-1010

「「大豆谷」は何と読みますか　豆の付いた地名考」西東秋男、『豆類時報』
（2006）44: 43-53

『天空の城ラピュタ』宮崎駿 原作・脚本・監督（1986）スタジオジブリ

文库版后记

Soil lifespans and how they can be extended by land use and management change. Evans, D. L. et al. (2020) Environmental Research Letters 15: 0940b2

Soil carbon sequestration impacts on global climate change and food security. Lal R. (2004) Science 304(5677): 1623-1627

Beyond Copenhagen: mitigating climate change and achieving food security through soil carbon sequestration. Lal R. (2010) Food security 2: 169-177

Urea uptake by spruce tree roots in permafrost-affected soils. Fujii K. et al. (2022) Soil Biology and Biochemistry

Identification and characterization of a novel anti-inflammatory lipid isolated from Mycobacterium vaccae, a soil-derived bacterium with immunoregulatory and stress resilience properties. Smith D. G. et al. (2019) Psychopharmacology 236: 1653-1670

后记

从事研究至今已近 20 年，有三个感人的瞬间令我难忘：发现植物本身是使土壤呈酸性的罪魁祸首时；观察到热带雨林中落叶渗出棕色水时；发现刀耕火种农业具有阻止酸性化的机制时。就在那一刻，我的"酸性＝坏"的信念被推翻了。我将这些发现作为本书的支柱，探讨了 5 亿年来宏大时间尺度上植物、动物和土壤之间的相互作用。

我在本书中最想传达的是土壤周围自然现象的复杂性，以及在恶劣条件下生存下来的动物、植物，以及这些事物带给人类的惊喜和感动。在那里，我们看到了土壤不是只有孕育生命的实相，也看到了生物不是只被摆布的英姿。

5 亿年来动植物适应土壤的能力、1 万年来人类交织出的农业知识和技术，从环境破坏到成王败寇所衍生的历史在此都浑然天成，令我心驰神往。

另一个目的是，让许多日常生活中不太接触土壤的人，也能认识到土壤也很神奇。如今，面对被水泥覆盖的地面和清洗干净的蔬菜，已经很难感受到土壤与生命之间的关联。尽管人们对生态意识和过度悲观主义有诸多论调且漫天飞舞，但问题的本质——土壤——却鲜少受到关注。

在对未来抱持过度悲观的态度之前，也许应该对土壤为我们提供的诸多服务再多一点感激，我们太常将其视为理所当然了。回顾土壤 5 亿年历程的旅程的终点，也是从头开始重新审视我们生活的旅程起跑线。

　　为了尽可能浅显易懂，有很多地方可能显得不够精确、语言不够充分等，都还请大家多多批评、指正。书中写下的固然是我所认为目前情况下最好的知识，但我深刻体会到知识不是一成不变的，研究也没有止境。尤其是内容包括许多仍在讨论中的议题。

　　甚至为了研究目的，还挖掘出大量土壤，多次无端造访动植物的栖息地。我相信对不断照顾我的土壤、当地农民以及与我一起进行这项研究的当地研究人员们，最好表达出感谢的方式就是如实传达出这些信息。

　　在进行研究和调查上，我要感谢在京都大学指导我的恩师小崎隆和舟川晋也，以及我任职的森林综合研究所中以松浦洋次郎为首的诸位前辈，感谢他们给予我的大力支持。我们也要感谢京都大学的久马一刚和萨斯喀彻温大学的达尔文·安德森提供了宝贵的照片，并在本书撰写过程中提出的宝贵意见和鼓励的话。

　　最后但也非常重要的一点，我要向山与溪谷社的藤盛瑶子和绵由利女士表示感谢，感谢她们在起草草稿时提供的莫大帮助，并衷心感谢细心和热情的编辑。

藤井一至
于星辰落下的印度尼西亚热带雨林

文库版[①]后记

虽然初版距今已经过去 7 年，但由于收到来自各界的再版要求，能够以新的格式出版，对此我要表示感谢。本书是我第一本著书，因此感到很紧张，但池内纪的称赞、读完这本书并决定进入农学部的考生、赢得了书评比赛的初中生等，都让我深受鼓舞。听说本书还成为高考题（当代文选）以及各地自然观察员和树木医师培训的教科书，翻译版本也在韩国掀起了土壤热潮，让我不禁感叹起如此"土里土气"的一本书居然能像野草般蔓延。

这本书的起点是一本严肃的笔记，最初设定的标题是《土壤生态学事始》，收录从我作为大学生和博士后开始研究土壤以来，一直在写作和累积的材料。当漫步在京都的哲学之道上时，我思索着作为一名研究者，应该把自己的目标定在哪里。经过思考，我决定我的目标不是追名逐利，例如在著名期刊上发表论文或获得大笔研究资助，而是要将曾经引导我进入研究的魅力书写成书。

如果我想写一本总结我作为研究员的生涯的书，那还有充分的时间。我一直在收集有关土壤的故事，尤其是能让无论理科、文科领域的任何读者都会觉得有趣的题材。原本应该在从研究工作退休后才开始执笔写作，但当我还在找工作时，机会就来临了。我认为这是一个千载难逢的机会，用尽所有材料投注了全部的心血。当我还是小学生时，在 400 字稿纸面前连一句话都写不出来，

---

① 日本图书的一种出版形式，一般当书籍畅销时，预计会有更大量读者购买时，就会发行的小型平装书形式。价格低廉，便于携带，以普及为目的。

如今要提笔就更懊悔自己至今都是马齿徒长，但想到无声的土壤带给我的悸动，这份想传达出去的感动让我有动力开始提笔。

不幸的是，要向其他人传达这种悸动并不容易。与恐龙、鸟类、昆虫、植物等生物相比，沙子和黏土很难让人产生共鸣。乍看之下，土壤是无生命的物体，很容易与地质构造混淆。但当你向下挖掘时，就会发现其中是昆虫在蠕动，而不是恐龙化石，并没有地质构造中那样的浪漫空间。

因为土壤永远不会直接放入口中，所以它的重要性不如水那样一目了然。当我解释"土壤是……黏土是……"时，即使是农学系的大学生也会在上课几分钟后放弃（打瞌睡）。因此，我试图以退而求其次的方式传达土壤的魅力，改说："恐龙、甲虫、植物都很神奇，而它们都与土壤息息相关。"试错和改进仍在继续，包括我的第二部作品《土壤：地球最后的谜团》（光文社）就选择以直截了当的方式写下土壤，即使它不一定能引起人们的共鸣。

相对于植物和土壤走过的 5 亿年，以及人类和土壤走过的 1 万年，初版发行以来的 7 年时间简直短得可以忽略不计。尽管我反复阅读手稿到了认为不需要任何修改的地步，但它需要的修改仍比我想象的要多。这也是为了应对有关土壤情势变化所做出的反应。

人们对气候变化、土壤退化、可持续发展、粮食供应和未知微生物的期望和担忧都持续上升。短短 7 年里，从肥料和燃料供应短缺及价格上涨，到日本农林水产部推出"绿色食品体系战略"等政策变化，人们对土壤的期望和担忧都发生了巨大变化。

有关土壤的知识也在更新。在国际土壤年（2015 年），联合国粮食及农业组织（FAO）宣布了耸人听闻的数据，包括"地球上超过 33％的土壤已经劣化，到 2050 年，将有超过 90％的土壤将劣化"以及"每分钟，就有一个足球场大小的沃土正在流失"，传达出一种对土壤的危机感。该数据也经常被日本大众媒体引用。

然而，这个数据多少有些夸大了，实际情况是"有 16％的土壤在 100 年内，有失去肥沃表土（顶层 30 厘米）的风险"，而不是 90％。从大众媒体的角度来看，这或许不是一个足够耸动的数字，但仍然不容乐观。

非洲和亚洲每年因土壤劣化造成的经济损失估计为 19 兆日元①。不仅因劣化而流失的土壤会随风飘扬并污染北极冰层，而且大部分腐殖质最终会分解，并因增加大气中二氧化碳含量被记录下来。过去 100 年来，人类呼吸的二氧化碳含量增加了 40％。化石燃料是罪魁祸首，但土壤退化所释放的二氧化碳也占了其中约 20％。

土壤退化在地表以下缓慢进行。较肥沃的土壤还具有更好的缓冲能力，因此人们难以立刻意识到问题。然而，事态正在变得更加严重。据估计，在过去的 100 年里，北美大草原已经失去了一半肥沃的表土。

如果人类过度耕耘，10 年内就会失去 1 厘米的土壤，但恢复这些土壤却需要百年甚至千年的时间。由于人类无法创造土壤，所以我们别无选择，只能等待土壤通过植物和微生物的作用而发育。一旦土壤退化，就为时已晚。

另一个局势的变化是，尽管过去 10 年内世界人口增加了 10 亿人，但耕地面积（种植一年生作物的田地）却稳定维持在约 15 亿公顷。为了让世界上不断增长的人口在有限的土地上生存，必

---

① 约为 9000 亿元人民币。

须在维持和提高土壤肥沃程度的同时提高产量。

　　这当然是一项艰巨的挑战，但如果我们不能可持续地利用土壤，纽约和东京最终都可能会像美索不达米亚文明一样沦为废墟。我们有必要汲取土壤退化这个跨越时空的教训，并跨越国界来分享保护土壤的知识和技术。

　　然而，生产者和消费者也并非都是团结一致的。日本从事农业的人数已下降至人口的 1%，许多消费者都没机会去了解土壤。发达国家与发展中国家、有机农业与传统农业、大规模农业与小规模农业等，这些立场与理念的差异导致冲突与分歧不断扩大。这种分歧就连在同一个家庭内部也会发生。

　　当我访问巴西的红土地地带时，遇到了一位父亲为了管理数千公顷的甘蔗种植园而砍伐了热带森林和塞拉多（热带草原）；而他的儿子则是反抗这种做法，经营起 1 公顷的有机农场菜园。儿子批评父亲使用化学肥料和农药的传统农业做法属于"工业化农业"。

　　儿子认为仅靠甘蔗既没办法当饭吃，还要受到国际市场价格剧烈波动的摆布，且食蚁兽和犰狳等生物的栖息地也会消失。而采用有机农业的农田，则可以自豪地为孩子们提供学习自给自足农作物种植技术的场所。

　　父亲则批评儿子有机农业的效率、利润都太低，还有病虫害的风险。他还说，仅靠那 1 公顷的有机农场，根本无法送孩子去学校或医院。父子俩都是好人，如果双方能尊重彼此的做法和思维，那才是真正"有机的"交流。

　　本来，有机农业并不意味着只使用有机肥料；有机（Organic）一词来自生物、人与土壤以及人与人之间共同努力的"有机统一体"。巴西不仅直接从西方引进了农业方法，还引进了冲突对立的结构，这个案例可不容我们一笑置之。

冲突背后的问题在于，虽然人们已经意识到土壤是粮食生产和生活的基础，但对土壤仍然没有较为全面的认知。当不同环境、不同土壤的经验和理论发生碰撞时，往往不仅会导致科学上的冲突，还会导致情绪上的对立。尤其是有机农业与传统农业之间的冲突根深蒂固，带有戏剧性的人情世故。

这个冲突的起源可以追溯到 200 年前，当时植物生长的机制已被阐明。过去，植物以腐殖质为营养物质生长的腐殖质营养学说一直是主流，但现在已经明确，植物主要通过吸收无机营养物质来生长。这种无机营养学说是由一个基于腐殖质营养学说的研究团队发现的，但著名化学家尤斯图斯·冯·李比希（德国）攻击这个坚持腐殖质营养学说的研究团队，认为其过度保守，这才普及了无机营养理论。

李比希批评了依赖牛粪堆肥的传统有机农业，并提倡化学肥料的有效性。亚洲粮食产量的增加（绿色革命），很大程度上要归功于自李比希以来农业中化学肥料的使用。

英国植物学家、有机农业传播者阿尔伯特·霍华德则是批评了李比希之后的农业惯例，提出化学肥料会削弱菌根真菌对植物作用的问题。土壤退化的原因是忽视堆肥和生物的功能，以及一面倒地使用化学肥料，但随着时间的推移，人们开始将化学肥料本身视为敌人。

他也认为，腐殖质能够滋养与植物共存的土壤生物，从而使土壤、人体都健康。虽然这听起来有点哲学，但基因分析技术的最新研究表明，共存于植物根部和人体肠道中的微生物可以促进物质循环，并提高植物和人体的免疫力。但其实，李比希没有否认有机肥料作为营养来源的价值，他被后人称为"肥料工业之父"。

　　李比希用化学来对抗神话，霍华德则锐化了自己的思想来对抗化学万能主义，但实际上，他们两人都思考着土壤养分的可持续性，以及强烈认识到对包括有机肥料在内的循环型社会有其必要性。即使有机肥料不能立即为植物提供养分，但可以为微生物提供食物和庇护所，微生物的残留物会变成腐殖质，在土壤中形成团粒结构。

　　在热带地区的高度风化土壤中，补充化学肥料至关重要，因为在这些地区，收割过程中流失的养分远多于风化过程中所流失的。有机肥料和化学肥料不该是互相排斥的，而是应该相辅相成，产生加乘效果。

　　在我的研究中，植物（黑云杉）会首先吸收无机氮（氨、硝酸）；在贫氮土壤中它们会开始向吸收氨基酸下手（根）；而在贫氮更加严重的永冻土中，它们甚至吸收尿素。采取的策略会根据土壤和植物的类型而有所不同。

　　由于过去 5 亿年来大地的随心所欲，肥沃土壤的分布是局部性的，而人类无法轻易改变土壤布局。农业通过改良作物品种和驯化而发展起来，但土壤却极为复杂。一汤匙（10 克）土壤中就含有 100 亿个细菌，比现今世界人口还多，这还没算上其他无数的真菌、古菌和病毒也共存于其中。

　　即使科技已经到达月球和火星，我们对脚下土壤的认识仍是混沌不明，发展总在知其然不知其所以然的状态。化学肥料、杀虫剂、过度依赖肥沃的土壤、因担心病原体而建立的无土植物工厂，这些都是很好的案例。另一方面，还有日益增长的健康意识，对土壤寄予过高的期望，期望共存于根部和肠道的微生物能发挥好菌的作用。

　　由于土壤和微生物都不是为人类方便而创造的，因此可能无法满足这样的期望。科学和科学家的作用，就是面对并全面了解土壤的可能性和风险。

科学每当遇到紧迫问题时就会暴露出它的不可靠性，那土壤科学能做什么呢？我相信科学家有两张面孔，一个是专家，一个是研究人员。这两个词很容易混淆，但专家强调常识，研究人员也时常要质疑常识。

社会比其他人更需要专家，因此随着年龄的增长，研究人员往往会转变成为专家。运用到土壤上，我认为专家是教导有关土壤知识的人，研究者是受土壤教导而得到知识的人。

首先，让我们以专家的身份来看看土壤。人类面临的挑战是要防止全球变暖和土壤退化，同时还要增加粮食产量。作为响应，一项倡议正在进行，指出如果我们能够每年将土壤腐殖质增加0.4%，就可以阻止大气中二氧化碳浓度的上升（千分之四倡议）。如果可行的话那就太理想了，但实际上这似乎并不容易。我曾经向提议者拉坦·拉尔博士（土壤学家、2019年日本国际奖得主）询问过这个问题。他也承认这个目标很难实现，但即便如此，若将腐殖质持续流失的土壤退化趋势导向土壤再生，本身就已经是一大进步了。

据估计，如果能够将腐殖质稀缺的热带地区农田土壤中的腐殖质含量增加3%—10%，就可以增加1亿人的粮食产量。日本富含腐殖质的水田土壤和灰烬土可能蕴藏土壤改良的线索，毕竟如果无法防止土壤退化，日本面临的问题也将变得一发不可收拾。气候变迁和粮食危机看似是来自遥远世界的故事，但这些问题其实都与我们脚下的土壤息息相关。

接下来，身为研究者，我们也要向土壤学习。要成为土壤研究员，所需要的不是论文或博士学位，而是对土壤的好奇心和一把铲子。土壤没有声音，但你可以嗅到种子播种时，春日土壤里浓浓的生命气息。这些味道来自微生物放的屁（代谢物），或许也是微生物们用来争夺地盘的化学武器。

土壤的气味之一来自土臭素（Geosmin），也就是细菌（放线菌的链霉菌属）的屁。它具有在潮湿土壤中释放气体的特性，可借此探测水源的有无。如骆驼就可以闻到这股气味，从 80 千米外到达绿洲。等候多时的细菌通过将孢子附着在饮水骆驼的鼻子上，将它们的后代传播到远方。

在日本，常有报道土臭味是山崩的征兆，这也是来自土臭素的气味。土壤之中仍然埋藏有许多可以保护自己的知识和生活的智能。

蚊蚋和杂草茂盛的夏天，我却沉迷于自己那笨拙的家庭菜园。再看看附近的菜园，学习合适的品种、播种时间和整地。即使你学会了成功种植，气候或土壤的简单变化也会导致它失败。尽管如此，与纸上谈兵的理论不同的是，实际培育土壤和种植植物会带来一种成就感。

水木茂①在他的自传散文《鬼婆婆与孩子王》中写道："身体通过吃东西而长大，人的心灵也因居宿着各种各样的灵魂而成长……石头有着石头的灵魂，虫子有虫子的灵魂。"土壤中的微生物虽然应该不是有意为之，但研究已经证实，将某种细菌（分枝杆菌，*Mycobacterium*）的脂肪酸制成疫苗注射到小鼠体内，可以减缓压力并增强免疫力。

发现土壤中蕴含这种效果的研究，仅仅是基于培养皿中培养

---

① 1922—2015 年，日本漫画家、妖怪研究家，为经典漫画《鬼太郎》的作者，是日本妖怪漫画第一人。

的一种细菌，但 10 克土壤中还有 99.99999999 亿种其他细菌。因为有病原菌，摸完土壤一定要洗手，但在与土壤互动、与"各种灵魂"交流的过程以及培养植物，都可以让人感觉更加正向积极。

秋天落到地上的橡实很快就向下扎根，熬过寒冷的冬天，等待春天。当春暖花开时，迅速萌芽。菌根真菌连接母树和幼苗，从母树接收碳和养分。橡实被熊吃掉，小树被鹿吃掉。虽然存活率很低，但这样的努力却滋养着森林和土壤。

沿路过来，我们现在都知道一把土蕴含有 5 亿年的重量，但捧起的土却出奇得轻。很多事是不去接触的话就无法理解的。

在本书序言，我将土壤称为"疯狂"，但我个人并不这么认为。通过土壤来理解生态系统和生命的视角可能是独特的，但其中反映的却是我们自己。土壤退化、土壤污染、山崩、病毒和战争……尽管关于土壤有很多令人沮丧的话题，但土壤也给我们带来了正面讯息，即土壤可以根据耕作方式得到改善或劣化。

从未经历过的事情，是很难理解其重要性的。体验土壤的气味、橡实的坚毅、一把土壤的轻盈、5 亿年的重量，都是可以了解我们脚下土壤的一步。了解"疯狂"的土壤故事的人越多，这些故事就会化为常识。我怀着这般微弱的期待写下了这本书。

藤井一至

2022 年 5 月

译后记

　　英文 earth 对应到中文的翻译通常是"地球"，因此更容易让我们想到的是这颗湛蓝的星球。但 earth 还有另一层含意，也就是陆地、地面。因此综观来看，这个词最早的表现应该是我们所栖息生长的环境周边的"地"域，随着人类认识到地球是个球体以及全球范围的绘制，才拓展出了更广阔的意涵，囊括这整个行星。从这个角度来看，"地"才是人类认识这个星球的本质，然而"地"究竟是什么？以及"地"在跳脱人类视野的框架下，从更广义的角度上（假设你是外星人或者地球上其他正在思考这个问题的智慧生命体），真的值得作为这个星球的代表吗？

　　说到"地"，自然指的是"陆地"。而在我们生活的陆地上，最常见且基本的构成就是"土"，因此常会有"土地"的称呼，过去更是将天地神明称为"皇天后土"，可见其对"土"和"地"的联结与重视。至于"土"究竟又是什么，这边就稍微借用一下本书序章的段落。

　　土壤不仅是由岩石风化形成的，其成因还有植物和动物的相互作用，这一事实也揭示了土壤的特性——它只存在于地球上。地球是目前唯一被确认有生命存在的星球，因此土壤就是地球独有的特产。

　　由此可见，由土壤所覆盖的大地，确实是地球和太阳系其他行星显著的不同，足以作为地球最有特色的代表之一。然而，也许就是因为太过亲近，在日常生活中，"土"却时常作为略带贬义的形容词，像是"土"味情话、"土"里"土"气、"土"着、"土"法炼钢……因此，说到一本介绍"土壤"的书籍时，大概也很难引起读者的共鸣或是浪漫的想象。但只要愿意给这本书几分钟的时间，一定会被作者富含诗意及深邃的世界观所震撼。而随着作者的带领，进一步认识到土壤及其所影响的包罗万象，其中所带来的感动与震撼，也会令过去的世界观为之颠倒。因为，"土"虽然深植于我们的生活，但鲜少有人会注意到这其中居然还蕴含如此多的奥妙。

最初我拿到这本书并决定开始翻译，并不是因为我是土壤学的专家，而是因为书本标题的 5 亿年，以及书中时不时出现"恐龙"这个关键词。我是一名以恐龙研究为主的古生物学博士，加上本科是日文专业，因此看起来专业非常对口。5 亿多年前，正好是复杂的多细胞生物大量显现并多样化出现的时期，也就是我们常听到的"寒武纪大爆发"，我们现在所认识的动物门类，大多起源于此。之后斗转星移，沧海桑田，从三叶虫、奇虾到海蝎等节肢动物占领的海洋，交换主导权到恐鱼等鱼类身上。当海中这些动物们的腥风血雨、权力斗争正如火如荼展开时，植物正在向陆地扩展自己的领域，而目前最古老的植物化石大约来自 4.7 亿年前。随着植物的登陆、对岩石的改造，陆地才从一片平坦的荒凉之中，出现了连绵的山峦、绵延的河流。率先享受这丰硕果实的是昆虫等节肢动物，并把石炭纪的森林变成它们的天地。其后，原本住在海洋"边陲"地带的一些鱼类，靠着用肉鳍扒拉水草、缺水时改用肺呼吸的优势，也开始朝陆地前进，并从还离不开潮湿环境的两栖类动物演化出可以前往内陆的早期爬行类和哺乳类。接下来的故事相信大家都比较熟悉，在将近 2.5 亿年前，一群小而活泼的爬行类动物伺机而动，并在三叠纪晚期的一次灾难性偶然中取得霸主地位，变成侏罗纪、白垩纪大家所熟知的恐龙。6600 万年前的小行星撞击，令这个王朝戛然而止，结束了长达 1.6 亿年的统治，仅剩鸟类这个后裔存活至今。在这次灾变中崛起的就是我们哺乳类，并演化出人类、发展出文明，然后到这本书印刷出来并到你的手上。

　　上述的这些，是我的专业内所熟知的生命史，也是市面上多数科普书经常涉及的内容。然而，在讨论远古生命的同时，我们通常都在关注这些生物有什么特别的构造，会怎么生活、战斗以及演化和灭绝，但对于它们所生活的环境，尤其是脚下的土壤，却鲜少给予应有的关注及地位。即便放到今日，关于土壤的环境问题时常进入我们的视野，如土壤盐碱化、土质劣化、土地荒漠化等，但对于这些问题的起因以及解决办法也都所知甚少。这些问题，在这本书中都可以找到相应的讨论或解答。可以说，这是一片非常大的拼图，帮我们拼凑出有关过去及现在的许多未解之谜，也是我们要通往与环境共生共存的未来大门上，不可或缺的关键钥匙。

　　然而，回到前面的问题，一本介绍"土"的书，除了对环境、科研、地球史等相关领域有兴趣的读者外，内容是否会过于小众或生硬，是我在开始翻译前最大的担忧。但随着一个个段落、章节的阅读和翻译后，我发现是我多虑了。字里行间不只可以感受到作者对土壤深入的观察与热爱，也不得不佩服作者的博学和解释能力。这本书的内容在翻译过程中，除了一些术语的汉化会让我需要查阅相关领域的论文或是请教专业人士外，几乎所有专业内容都非常浅显易懂，深入浅出。而令我最为意外的，其实是这次的翻译运用到非常多我本科主修日文时的文学名著及历史知识，从日本战国时期的土地战略、诗词歌赋到近代文学的大家，可以说这也是一部非常富有人文情怀的作品。因此，比起专业知识的传达，我有时候反而更担心对日本文化不熟悉的读者是否会难以得到共鸣。为了减少这种文化隔阂，我也尽可能在不影响阅读体验的状况下补充相关背景的注解，期望可以更好地增加读者的阅读体验。不过反过来说，这本书面向的读者本就不限于喜欢地球科学、环境问题的理科生，对于文化、历史有兴趣的读者，也一定能在这本书中找到饶富趣味的知识与观点。同时，日本作为中国由来已久的邻居，从汉字到许多文化也与中华文化有诸多渊源，例如从"土"的汉字由来、兵马俑和五行色彩与土壤的对应关系等，也都在正文中涉猎，就留给读者慢慢在书中挖掘了。

最后，我想引用《周易·系辞》的一句话来作结。

"仰则观象于天，俯则观法于地，观鸟兽之文，与地之宜，近取诸身，远取诸物，于是始作八卦，以通神明之德，以类万物之情。"

在渊远流长的中华文明上下五千年中，我们的老祖宗们凭借生活的智慧，深知若要知道命运与未来（即占卜），首先是要了解自然运行的规则及万物之中的道理。这其中，"天"虽然摆在首位，但"地"却出现了两次，其重要程度不言而喻。同样，在五行之中，"土"的代表方位是中央，其代表色的"黄色"象征皇权，因此紫禁城的屋瓦清一色也都是黄色。由此可看出，"土地"是中华文明精神中的重要象征，而本书就是"观法于地"的入门。此外，这段旅程中除了对风尘仆仆的土壤特性有进一步了解外，也有"观鸟兽之文"，从耕耘土壤的蚯蚓、吃土的红毛猩猩到田埂中的泥鳅无所不包；也有"近取诸身，远取诸物"，从饮食的牛奶、面包、米饭、薯片、茶水，到生活中的煤矿、芳香精油、电影娱乐，都能看到其"与地之宜"的重要联结，而"与地之宜"的失衡也正在造成土壤退化、酸雨、全球变暖以及抢夺资源的战争甚至文明消亡等问题。

这些知识，都在揭示我们与自然和谐共存的途径与尝试，如同《道德经》中的"人法地，地法天，天法道，道法自然"。若想要理解宇宙间万事万物（自然）的运行法则（道），第一步就是效法大地。在这一趟5亿年的土壤旅程中，我们一起由下而上，扎根于土壤之中，了解这片大地的过去、现在，并一起探寻通往更和谐、美好未来的土地之道。

廖俊棋

2024 年 3 月

DAICHI NO 5-OKUNEN SEMEGIAU TSUCHI TO IKIMONOTACHI

Copyright © 2022 Kazumichi Fujii

Chinese translation rights in simplified characters arranged with Yama-Kei

Publishers Co., Ltd.

through Japan UNI Agency, Inc., Tokyo and Shinwon Agency Co, Hebei

著作权合同登记号：图字：01-2024-2267

图书在版编目（CIP）数据

大地 5 亿年：土壤和生命的跃迁史 /（日）藤井一至
著；廖俊棋译 . -- 北京：中国纺织出版社有限公司，
2024. 9. -- ISBN 978-7-5229-1841-9

I. S15-49

中国国家版本馆 CIP 数据核字第 2024QZ0413 号

责任编辑：史　倩　向　隽　　责任校对：高　涵
责任印制：储志伟

中国纺织出版社有限公司出版发行
地址：北京市朝阳区百子湾东里 A407 号楼　邮政编码：100124
销售电话：010—67004422　传真：010—87155801
http://www.c-textilep.com
中国纺织出版社天猫旗舰店
官方微博 http://weibo.com/2119887771
北京华联印刷有限公司印刷　各地新华书店经销
2024 年 9 月第 1 版第 1 次印刷
开本：880 × 1230　1/32　印张：8
字数：131 千字　定价：98.00 元

凡购本书，如有缺页、倒页、脱页，由本社图书营销中心调换